普通高等教育农业农村部"十三五"规划教材
全国高等农林院校"十三五"规划教材

普通化学实验

施和平　阿　娟　主编

U0307005

中国农业出版社

北　京

图书在版编目（CIP）数据

普通化学实验/施和平，阿娟主编 . —北京：中国
农业出版社，2019.7
普通高等教育农业农村部"十三五"规划教材　全国
高等农林院校"十三五"规划教材
ISBN 978 - 7 - 109 - 25368 - 1

Ⅰ.①普…　Ⅱ.①施…　②阿…　Ⅲ.①普通化学-化
学实验-高等学校-教材　Ⅳ.①O6 - 3

中国版本图书馆 CIP 数据核字（2019）第 054896 号

中国农业出版社出版
（北京市朝阳区麦子店街 18 号楼）
（邮政编码 100125）
责任编辑　曾丹霞

北京中兴印刷有限公司印刷　　新华书店北京发行所发行
2019 年 7 月第 1 版　　2019 年 7 月北京第 1 次印刷

开本：720mm×960mm　1/16　印张：7.5
字数：130 千字
定价：17.00 元
（凡本版图书出现印刷、装订错误，请向出版社发行部调换）

编 者 名 单

主 编　施和平　阿　娟

编 者　（按姓氏音序排列）

阿　娟　施和平　杨　威　张　霞

前　言

　　普通化学实验作为高等农林院校非化学专业的本科学生的一门实践基础课，是普通化学课程的重要实践教学环节。该课程旨在为学生提供将课堂理论知识与实际相结合的宝贵的实践机会。充分的实验教学能提高学生的独立操作、分析记录、撰写报告等多方面的综合能力。由于近年非化学专业本科生的课程体系的调整和变动，普通化学实验课程已经由原来的仅有农科类学生修读扩大到所有修读普通化学理论课程的专业的必修课程，受众面远远大于以前。这就对该课程提出了更高的要求，因此，我们结合多年的教学经验，参考近年来国内同类教材编写了《普通化学实验》教材，以适应课程改革的发展需求。

　　本教材在内容上主要分为绪论、常用仪器及基本操作和实验部分。在与普通化学理论课程基本框架相一致的基础上共选择了20个实验，供不同专业方向的学生学习。在实验顺序编排上按基本操作实验、化学原理及化学平衡、元素性质及定性分析实验、综合性实验的顺序，有助于选择不同类型的实验进行循序渐进的训练。同时在实验的选择上注重了实验的安全性、可操作性和趣味性。

　　参加本教材编写工作的有阿娟、施和平、杨威、张霞。其中第1部分绪论由阿娟和施和平编写，第2部分常用仪器及基本操作由阿娟和张霞编写，第3部分实验部分的实验一到实验十由张霞编写，实验十一到实验二十由施和平编写，附录由杨威编写。全书由施和平统一整理，由阿娟审阅定稿。

　　本教材在编写过程中融入了内蒙古农业大学理学院化学系普通

化学课程组所有成员的教学经验,他们的有益建议对本教材的出版帮助很大。另外在本教材的编写和出版过程中,受到内蒙古农业大学教材科和中国农业出版社各位老师的大力支持,在此表示衷心的感谢!

限于编者水平,书中难免有疏漏和不妥之处,恳请专家和读者批评指正。

编　者

2019 年 3 月

目 录

第1部分

绪　　论

1.1　普通化学实验课程开设的目的和要求

　　普通化学是高等农业院校各有关专业本科学生必修的重要基础课程，是中高级农业科技工作者知识结构的重要组成部分。普通化学实验是普通化学课程的重要组成部分，是教学中必不可少的重要环节；同时，也是非化学类本科生进入大学所接触的第一门实验课，是后续相关理论、实验课程的重要基础。普通化学实验与普通化学理论课程相辅相成，是实现全面教育的有效形式。从内容上讲，普通化学实验课程涉及化学四大平衡的基本原理；元素及其化合物的基本性质；简单无机化合物制备、分离和提纯的基本方法；一些基本物理化学常数的测定及元素性质实验等。普通化学实验课的主要目的是：使学生正确掌握基础化学实验的基本技能和方法，学会正确记录实验现象和实验数据，培养实事求是的科学态度和严谨细致的实验作风；巩固和加深对课堂所学理论知识的理解，运用所学理论知识对实验现象进行分析和解释。

1.2　普通化学实验学习方法

　　本课程主要从实验预习、实验过程、实验报告及课堂讨论等方面对学生进行考查。要求学生将预习报告、实验记录写到专用的实验记录本上。每次实验结束后，须由任课教师确认已完成所有实验内容，审阅实验记录本并在上面签字后方可离开实验室。

1.2.1　实验预习

　　预习是实验前必须完成的准备工作。学生开始实验前要充分预习，明确实验目的和要求，了解实验所使用的仪器、试剂，初步理解实验内容、方法和基本原理，查阅必要的文献资料。同时，在预习的基础上写出预习报告，其内容主要包括实验名称、简明扼要的实验目的和原理、实验内容及步骤(对于制备实验和常数测定实验，要求写出实验步骤，设计好数据记录表格；对于元素性质实验，要求设计好包括实验内容、现象、反应方程式、解释、备注等项目在内的表格）、回答预习思考题。对实验进行充分的预习是顺利进行实验的基本前提。因此，对未预习实验的学生，必须首先完成预习，经教师同意后方能进行实验。

1.2.2 课堂思考与讨论

实验开始前，指导教师要检查预习情况，同时讲解实验中的主要问题，常常采取提问的方式来加深学生对实验内容的理解。这时候学生应该认真听讲，随时准备回答老师提出的问题，对个别实验可采取讨论方式，启发学生思考问题以达到提高实验水平的目的。

1.2.3 实验过程

实验是整个课程的核心环节，是重点培养学生独立操作能力和思考能力的重要环节，要求学生独立认真完成。实验参照预习报告进行。实验中要仔细观察现象，并将实验现象、数据等填写在预习报告写好的表格中。养成边做实验边观察和记录的习惯，尊重实验事实，如实记录实验现象及数据。实验记录本不得撕页，不得在记录本以外的任何地方记录数据。实验记录要准确、整齐、清楚，不得使用铅笔和红色笔做记录，不得随意涂改实验记录，如某个数据或现象确为误记，可用笔轻轻划去，并简单注明理由，便于检查。实验结果要经指导教师确认才能结束实验课。

1.2.4 实验报告及示例

实验报告是实验结果的总结，也是把感性认识上升到理性认识的思维记录，是研究成果的结晶，必须认真完成。报告的内容包括实验目的和原理、实验装置示意图、实验内容、原始数据和现象记录、对实验现象和结果的分析和解释、有关反应方程式、数据处理(计算、作图等)以及对所做实验的小结、实验中存在问题的讨论、改进意见等。

具体要求如下：

(1)简明扼要地阐明实验原理。

(2)实验步骤尽量以表格、框图表达，文字要简明或以方程式表示。

(3)实验现象应描述准确，数据记录要真实并力求完整，绝不允许主观臆造弄虚作假。

(4)解释现象应尽量言简意赅、表达准确，结论要有理有据。

(5)作图应采用坐标纸完成，坐标、点、线的绘制力求规范。

(6)讨论实验中存在的问题，提出改进意见等。

每次实验完成后，要求写出实验报告。

下面列出几种不同类型的实验报告示例以供参考：

(1)制备实验报告

实验名称：硫酸亚铁铵的制备

一、实验目的(略)

二、实验原理(略)

三、实验步骤

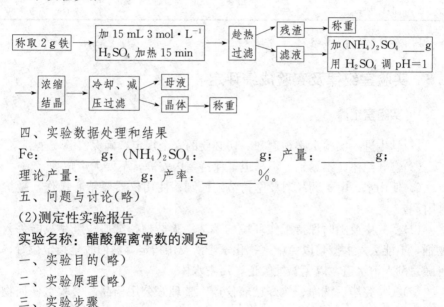

四、实验数据处理和结果

Fe：_____g；$(NH_4)_2SO_4$：_____g；产量：_____g；

理论产量：_____g；产率：_____%。

五、问题与讨论(略)

(2)测定性实验报告

实验名称：醋酸解离常数的测定

一、实验目的(略)

二、实验原理(略)

三、实验步骤

1. 配制不同浓度的 HAc 溶液

2. 用 pH 计由稀到浓测定其 pH

四、数据记录和处理

温度： ℃

溶液编号	不同浓度 HAc 溶液的配制	$\dfrac{c(HAc)}{mol \cdot L^{-1}}$	pH	$\dfrac{c(H^+)}{mol \cdot L^{-1}}$	α	解离常数 $K_a^{\ominus}$	
						测定值	平均值

五、问题与讨论(略)

(3)验证性实验报告

实验名称：氧化还原反应

一、实验目的(略)

二、实验原理(略)

三、实验步骤现象记录

实验步骤	实验现象	反应方程式	结　论
5 滴 $0.1\,mol \cdot L^{-1}$ FeCl₃+ 5 滴 $0.1\,mol \cdot L^{-1}$ SnCl₂	溶液黄色褪去	$2Fe^{3+} + Sn^{2+} = 2Fe^{2+} + Sn^{4+}$	$\varphi\,(Fe^{3+}/Fe^{2+}) > \varphi\,(Sn^{4+}/Sn^{2+})$

四、问题与讨论(略)

1.3　实验室纪律及实验成绩评定

1.3.1　实验室纪律

(1)学生进入实验室必须遵守一切必要的安全规定，确保实验安全。

(2)遵守纪律，不迟到，不早退，保持室内安静，不要大声喧哗。

(3)使用水、电、药品时要坚持节约原则；使用仪器要精心操作，爱护公共财产。

(4)实验中要随时保持工作环境的整洁。火柴梗、纸屑、废品只能丢入废物桶，不能丢入水槽，以免堵塞；化学废液要用指定容器回收至指定位置，不可随意倒入下水道，以免腐蚀管道，污染水体。

(5)实验完毕后洗净、放好玻璃仪器，整理好公用药品。实验室任何物品不得私自带走。

(6)学生轮流值日，负责打扫实验室卫生，整理实验室用品，检查水、电和门窗是否关好。保证实验室的安全。

(7)遵从实验教师的指导。

1.3.2　实验成绩评定

考试、考查是教学过程的重要环节，是检查教学效果、总结教学经验、不断提高教学质量的重要措施。普通化学实验课程的成绩评定采用单个实验成绩累计计分的方法。学生单个实验成绩评定的主要依据如下：

(1)预习报告的完成质量。包括实验中原始数据的记录情况(及时性、正确性、真实性及表格设计的合理性)、数据处理是否正确。

(2)实验操作(常见仪器的规范操作使用和精密仪器的正确使用)以及科学

的实验态度。

(3)实验结果(包括数据的准确度与精密度、产品的纯度及回收率等)。

(4)实验报告。书写规范的实验报告是成绩评定中最重要的一个环节,包括实验数据的准确处理,实验现象的准确记录,以及学生通过实验对相关的基础知识和实验原理的理解。

尤其要强调的是,实验结果绝不是成绩评定的唯一决定因素。

1.4　实验室安全规则

实验室安全问题不仅是个人问题,发生事故不仅损害个人的健康,还会危及周围的人们,并使国家财产受到损失,影响工作的正常进行,因此重视安全操作,熟悉一般的安全知识是非常必要的。

(1)尽早熟悉实验室的水、电、气的开关位置,不要用湿的手、物接触电源。水电一经使用完毕立即关闭。点燃的火柴用后立即熄灭,不得乱扔。酒精灯随用随点,加热液体时将试管口朝向无人的地方。

(2)有毒、有刺激性的气体的操作都应在通风橱内进行。当需要借助嗅觉判断少量气体时,应用手轻轻扇动少量气体进行嗅闻。

(3)使用乙醚、乙醇、丙酮等易燃易爆的物质时都应远离明火,取用完毕后应立即盖紧瓶盖。

(4)使用浓酸、浓碱、洗液等强腐蚀性液体时,要避免接触衣物和皮肤,尤其是眼睛。稀释它们的溶液时,应将浓溶液倒入稀释液中,并不断搅拌。

(5)有毒药品(如重铬酸钾、钡盐、铅盐、氰化物、砷的化合物、汞的化合物,特别是氰化物)不得进入口内或接触伤口。剩余的废液也不能随便倒入下水道,应倒入教师指定的回收容器内。

(6)实验室内禁止吸烟、饮食。公共仪器试剂使用后应物归原位,实验结束后应洗净双手后离开实验室。

1.5　实验室中一般伤害的救护

(1)割伤　用清水将伤口处污物洗净,小伤口可直接用创可贴包扎,大的伤口需去医院进行处理。如被玻璃碎片扎伤,应先挑出伤口里的玻璃碎片再按上述程序处理。

(2)烫伤　先用大量冷水冲洗伤处(一般要 20 min 左右,目的是冷却皮肤,防止伤情加重),再在伤口上抹烫伤药膏、獾油或万花油等。

(3)受酸腐蚀 先用洁净毛巾或面巾纸将酸轻轻拭去，然后用大量水冲洗，之后用 5％碳酸氢钠溶液或稀氨水清洗伤处，最后再用水冲洗。注意所用碱的浓度不宜过大，清洗伤处时间不宜过长（20 min 以内），否则后期会导致脱皮现象。

(4)受碱腐蚀 先用大量水冲洗，然后用 1％～2％醋酸溶液冲洗，最后再用水冲洗。

(5)受溴腐蚀 用大量水冲洗，至少 1～5 min。

(6)受白磷灼伤 立即用大量水冲洗，再用 2％硝酸银溶液或 2％硫酸铜溶液冲洗创面。

(7)吸入刺激性气体 吸入氯气、溴蒸气、碘蒸气等刺激性气体立即到户外呼吸新鲜空气。

(8)试剂入眼 应先用清水冲洗眼部（必须翻开眼皮，冲洗时间不少于 1 min）；如果溶液呈碱性，可再用硼酸溶液冲洗，之后用水冲洗。如果眼部仍有不适，应送医院治疗。

(9)毒物入口 将手指伸入喉部，促使呕吐；或以 2％～4％的盐水或淡肥皂水内服，催吐；或取 25～50 mL 约 5％的硫酸铜溶液内服，催吐。并送医院治疗。

1.6 灭火常识

1.6.1 起火原因

(1)可燃的固态药品或液态药品因接触火焰或处在较高的温度下而燃烧。

(2)能自燃的物质由于接触空气或长时间的氧化作用而燃烧（如白磷的自燃）。

(3)化学反应（如金属钠与水的反应）引起的燃烧和爆炸。

(4)电火花引起的燃烧（如电热器材因接触不良而出现火花，导致附近可燃气体着火）。

1.6.2 灭火

要根据起火的原因和火场周围的情况，采取不同的扑灭方法。起火后不要慌乱，一般应立即采取以下措施：

(1)为防止火势蔓延，应立即关闭燃气阀；关闭通风橱及窗户，停止通风以减少空气（氧气）的流通；断开电闸切断电源以免引燃电线；把易燃、易爆的物质移至远处。

(2)迅速扑灭火焰。一般的小火可用湿布、石棉布或沙土覆盖在着火的物体上(实验室都应备有沙箱和石棉布,放在固定的地方);火势大时要用灭火器灭火。常用的灭火器及其特点如表 1-1 所示。

表 1-1 常用灭火器的类型和特点

灭火器类型	药液主要成分	特 点
ABC 干粉灭火器	$NH_4H_2PO_4$,$(NH_4)_2SO_4$ 和 CO_2 或 N_2	灭火时靠容器中的加压气体驱动干粉喷出,形成的粉雾流与火焰接触、混合,发生一系列的物理和化学作用迅速把火焰扑灭
BC 干粉灭火器	$NaHCO_3$ 和 CO_2 或 N_2	
二氧化碳灭火器	液态 CO_2	以高压气瓶内储存的二氧化碳气体为灭火剂,通过降低可燃物温度、隔绝空气来阻止燃烧
泡沫灭火器	$NaHCO_3$,$Al_2(SO_4)_3$	使用泡沫和二氧化碳降低温度、隔绝空气灭火
1211 灭火器	$CBrClF_2$	通过阻燃气体隔绝空气灭火,不留痕迹,绝缘性能好,它的灭火原理是抑制燃烧的连锁反应,也适宜于扑救油类火灾

第2部分
常用仪器及基本操作

2.1 基本实验仪器

仪 器	规 格	用 途	注意事项
试管 离心管	分硬质试管、软质试管、普通试管、离心试管。普通试管以管口外径(mm)×长度(mm)表示。如25 mm×100 mm,10 mm×15 mm等,离心试管以容量(mL)表示	用作少量试剂的反应容器,便于操作和观察。离心试管还可用作定性分析中的沉淀分离	可直接用火加热。硬质试管可以加热至高温。加热后不能骤冷,特别是软质试管更容易破裂。离心试管只能用水浴加热
试管架	有木质、铝质、塑料的	放试管用	加热后的试管应以试管夹夹好悬放架上
试管夹	由木头、钢丝或塑料制成	夹试管用	防止烧损或锈蚀
毛刷	以大小和用途表示。如试管刷、滴定管刷等	洗刷玻璃仪器用	小心刷子顶端的铁丝撞破玻璃仪器
烧杯	玻璃质。分硬质、软质,有一般型和高型,有刻度和无刻度。规格按容量(mL)表示	用作反应物量较多时的反应容器。反应物易混合均匀	加热时应放置在石棉网上,使受热均匀,刚加热后不能直接置于桌面上,应垫以石棉网

（续）

仪　器	规　格	用　途	注意事项
烧瓶	玻璃质。分硬质和软质。有平底、圆底、长颈、短颈几种及标准磨口烧瓶。规格按容量(mL)表示。磨口烧瓶以标号表示其口径的大小，如 14、19 等	反应物多且需长时间加热时，常用它作反应容器	避免加热时喷溅或破裂；避免受热不均匀而破裂；防止滚动而打破
锥形瓶	玻璃质。分硬质和软质，有塞和无塞，广口、细口和微型几种。规格按容量（mL）分，有 50、100、150、200 等	反应容器。振荡很方便，适于滴定操作	盛液不能太多，加热应下垫石棉网
量筒和量杯	玻璃质。以所能量度的最大容积(mL)表示	用于量度一定体积的液体（只能用于粗量）	不能加热。不能用作反应容器。不能量热溶液或液体
容量瓶	玻璃质。以刻度以下的容积大小表示	配制准确浓度的溶液时用，配制时凹液面应恰好与刻度相切	不能加热，不能代替试剂瓶用来存放溶液

（续）

仪器	规格	用途	注意事项
滴定管（及支架）	玻璃质。分酸式和碱式两种。规格按刻度最大标度表示	用于滴定或准确量取液体体积	不能加热或量取热的液体或溶液。酸式滴定管的玻璃活塞是配套的，不能互换使用
称量瓶	玻璃质。规格以外径(mm)×高(mm)表示。分扁型和高型两种	要求准确称量一定量的固体样品时用	不能直接用火加热，瓶和塞是配套的，不能互换
干燥器	玻璃质。规格以外径(mm)大小表示。分普通干燥器和真空干燥器	内放干燥剂，可保持样品或产物的干燥	防止盖子滑动打碎，灼热的物品待稍冷后才能放入
药勺	由牛角、瓷或塑料制成，现多数是塑料的	取固体样品用，药勺两端各有一勺，一大一小，根据用药量的大小分别选用	取用一种药品后，必须洗净，并用滤纸擦干后，才能取另一种药品
滴瓶　细口瓶　广口瓶	一般多为玻璃质	广口瓶用于盛放固体样品；细口瓶、滴瓶用于盛放液体样品；不带磨口的广口瓶可用作集气瓶	不能直接用火加热。瓶塞不要互换，不能盛放碱液，以免腐蚀塞子

（续）

仪　器	规　格	用　途	注意事项
 表面皿	以口径大小表示	盖在烧杯上，防止液体迸溅或其他用途	不能用火直接加热
 漏斗　长颈漏斗	以口径大小表示	用于过滤等操作。长颈漏斗特别适用于定量分析中的过滤操作	不能用于直接加热
 布氏漏斗和吸滤瓶	布氏漏斗为瓷质或玻璃质。以容量或口径大小表示。吸滤瓶为玻璃质，以容积大小表示	两者配套使用于物质的减压过滤（利用水泵或真空泵降低吸滤瓶中压力时将加速过滤）	滤纸要略小于漏斗的内径才能贴紧。不能用火直接加热
 分液漏斗	以容积大小和形状（球形、梨形）表示	用于互不相溶的液液分离。也可用于少量气体发生器装置中加液	不能用火直接加热。漏斗塞子不能互换，活塞处不能漏液

（续）

仪　器	规　格	用　途	注意事项
蒸发皿	以口径或容积大小表示。用瓷、石英或铂来制作	蒸发浓缩液体用。随液体性质不同可选用不同质的蒸发皿	能耐高温，但不宜骤冷。蒸发溶液时，一般放在石棉网上加热
坩埚	以容积(mL)大小表示。用瓷、石英、铁、镍或铂来制作	灼烧固体时用。随固体性质不同可选用不同材质的坩埚	可直接用火灼烧至高温，热的坩埚稍冷后移入干燥器中存放
泥三角	由铁丝弯成并套有瓷管，有大小之分	灼烧坩埚时放置坩埚用	铁丝已断裂的不能使用，灼热的泥三角不能直接置于桌面上
石棉网	由铁线编成，中间涂有石棉，有大小之分	石棉是一种不良导体，它能使受热物体均匀受热，不造成局部高温	不能与水接触，以免石棉脱落或铁丝锈蚀，石棉网脱落的不能使用
铁架台	铁制品	用于固定或放置反应容器，铁环还可以代替漏斗架使用	使用前检查各旋钮是否可以旋动，使用时仪器的重心应处于铁架台底盘中部
三脚架	铁制品。有大小、高低之分，比较牢固	放置较大或较重的加热容器	

（续）

仪　器	规　格	用　途	注意事项
研钵	用瓷、玻璃、玛瑙或铁制成。规格以口径大小表示	用于研磨固体物质，或固体物质的混合。按固体的性质和硬度选择不同的研钵	不能用火直接加热。大块固体物质只能碾压，不能捣碎
燃烧匙	铁制品或铜制品	检验物质可燃性用	用后立即洗净，并将匙擦干
水浴锅	铜或铝制品	用于间接加热，也用于控温实验	用于加热时，防止将锅内水烧干。用完后将锅内水倒掉，并擦干锅体，以免腐蚀

2.2　玻璃仪器的洗涤和干燥

　　化学实验中常使用各种玻璃仪器。如果使用不洁净的仪器，往往由于污物和杂质的存在而得不到正确的结果。因此，玻璃仪器的洗涤是化学实验中一项重要的内容。有的实验要求使用干燥的仪器，则须将仪器洗净后，再选用适当的方法使仪器干燥。

2.2.1　玻璃仪器的洗涤

　　洗涤玻璃仪器的方法很多，应根据实验要求、污物的性质和沾污程度来选择合适的洗涤方法。

　　对于水溶性污物，可用水冲洗。不易冲洗掉的物质，可用毛刷刷洗。洗涤方法：在要洗的仪器中加入少量水，用毛刷轻轻刷洗，再用自来水冲洗几次。注意，刷洗时不能用秃顶的毛刷，也不能用力过猛，否则会划伤或戳破仪器。

对于不溶性污物，可用毛刷蘸取洗衣粉、去污粉或合成洗涤剂刷洗。洗涤时可用少量水将待洗仪器润湿，用毛刷蘸取少量洗衣粉刷洗仪器内外部，然后用自来水冲洗仪器。

用肥皂液或合成洗涤剂仍刷洗不净的污物，或者因仪器口小、管细，不能使用毛刷刷洗时，可用洗液洗涤。氧化性污物可用还原性洗液洗，还原性污物用氧化性洗液洗。最常用的洗液是高锰酸钾洗液和重铬酸钾洗液，其配制方法见附录十一。若仪器系有机物污染，一般选用高锰酸钾洗液；若系无机物污染，一般选用重铬酸钾洗液。有时也用少量浓硫酸或浓硝酸洗涤。用洗液洗涤时，先尽量倒净仪器内的残留水，再向仪器内注入约 1/5 体积的洗液，将仪器倾斜并慢慢转动，使仪器内壁全部被洗液湿润。再转动仪器，使洗液在仪器内流动。经流动几圈以后，把洗液倒回原瓶，再用水冲洗或刷洗。对沾污严重的仪器，可用洗液浸泡一段时间，或者用热洗液洗涤，效果更好。洗液具有强腐蚀性，使用时要小心。如果不慎洒在衣物、皮肤及桌面上，应立即用水冲洗。千万不能用毛刷蘸取洗液刷洗仪器。经多次使用后，重铬酸钾洗液会变成绿色，高锰酸钾洗液会变成浅红色或无色，底部有时出现 MnO_2 沉淀，此时洗液已失效，不能继续使用。废的洗液或首次冲洗液，应倒进废液缸里。即使是稀的冲洗液倒入水槽后，也应用大量水淋洗水槽，以免腐蚀下水道。值得注意的是，铬酸洗液有毒，特别是其对水的污染，现在已经很少使用。一般能用其他洗涤方法洗净仪器，就不要用铬酸洗液。

已洗净的玻璃器皿，应该是清洁透明的，其内壁能被水均匀地湿润，且不挂水珠。**在定性、定量分析实验中，除一定要求仪器内壁不挂水珠外，还要用蒸馏水(或去离子水)淋洗 2～3 次。**凡已洗净的仪器，内壁不能用布或纸擦拭，否则布或纸上的纤维甚至污物会留在器壁上而沾污仪器。

2.2.2 玻璃仪器的干燥

有些实验要求仪器必须是干燥的。根据不同情况，可采用下列方法将仪器干燥。

(1)晾干 对于不急用的仪器，可将仪器洗净后倒置在仪器柜内或搪瓷盘中自然晾干。对于倒置不稳的仪器则应平放或插在仪器柜的格栅板上、实验室的干燥架上晾干。

(2)烘干 如果需要干燥较多的仪器，通常使用电热干燥箱，近几年玻璃仪器气流烘干器的使用则更为广泛。将洗净的仪器，放在电烘箱内的隔板上，或插到烘干器上，调节温度，一般的气流烘干器可调温度在 40～120 ℃范围内。在仪器烘干之前应尽量控去残留水。

（3）用有机溶剂干燥 在洗净的仪器内加入少量有机溶剂（最常用的是乙醇和丙酮），转动仪器，使仪器内的水分与有机溶剂混合，倾出混合液（回收），仪器即迅速干燥。

必须指出，在化学实验中，许多情况下并不需要将仪器干燥。带有刻度的计量仪器不能用加热的方法进行干燥，因为这样会影响仪器的精度。当需要干燥时，可采用晾干或冷风吹干的方法。

2.3 相对密度计及天平的使用

2.3.1 相对密度计

相对密度计是测量液体密度的仪器，是一支中空的玻璃浮柱，上部有刻度，下部为一重锤，内装铅粒。相对密度计可分为两类：一类用于测量密度小于 $1\ g\cdot mL^{-1}$ 的液体，叫轻表；另一类用于测量密度大于 $1\ g\cdot mL^{-1}$ 的液体，叫重表。

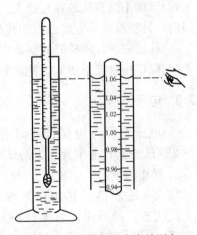

测量密度时，在大量筒中注入待测密度的液体，将干燥的相对密度计慢慢地放入液体中，不可突然放入，以免影响正确的读数和打破相对密度计（要特别注意加入待测液体的高度足以使相对密度计浮起）。使用相对密度计要轻拿轻放，为了使相对密度计不与量筒接触，在浸入时，应该用手扶住相对密度计上端，等到它完全稳定为止，然后放开手，读出液体密度（图 2-1）。相对密度计的刻度是从下而上增大，一般可读准至小数点后第二位。读数时应注意视线与凹液面的最低点相切。测量完毕，用水将

图 2-1 液体相对密度的测定

相对密度计冲洗干净，用布擦干，放回相对密度计盒中。

2.3.2 托盘天平

托盘天平是化学实验中不可缺少的常用仪器，可用于粗略称量。托盘天平的载量为 $200\sim1\ 000\ g$，一般可准确称量到 $0.1\sim0.2\ g$。托盘天平的构造如图 2-2 所示。

在称量前，先调节天平的零点。将游码拨到游码标尺的零处，检查指针是

否处在刻度盘的中间位置（或指针在刻度盘左右摆动的格数相等）。否则，调节平衡螺丝，使指针停在刻度盘的中间位置。

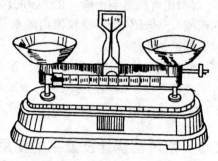

图 2-2　托盘天平

称量时，左盘放称量物，右盘放砝码。砝码应用镊子夹取。一般 5 g 或 10 g 以上的砝码放在砝码盒内，5 g 或 10 g 以下的砝码通过移动游码标尺上的游码来添加。添加砝码的顺序是从大到小，直到指针停在刻度盘的中间位置，此时指针所指的位置称为停点。停点和零点之间允许偏差 1 小格以内，这时砝码和游码所示的总质量就是称量物的质量。

称量时应注意以下几点：

（1）托盘天平不能称量热的物体。

（2）试剂不能直接放在托盘上。根据不同情况放在蜡光纸、表面皿或其他容器内。易吸潮或具有腐蚀性的药品，必须放在玻璃容器内进行称量。

（3）称量完毕，将砝码放回盒中，使托盘天平各部分恢复原状。

（4）保持托盘天平清洁，托盘上有试剂时应立即擦净。

2.3.3　电子天平

（1）电子台秤　电子台秤具有体积小、外形美观的优点。本书主要以 SE602FZH 便携式电子台秤为例介绍（图 2-3）。

① 操作面板：

"清零/去皮"键。主功能（短按）：如果台秤处于关机状态，则开机；如果台秤处于称重状态，则清零/去皮。第二功能（长按）：关机。

单位转换/称量模式键。主功能（短按）：选择下一可选的称重单位；第二功能（长按）：在当前称重单位和可选的称量模式之间切换。

图 2-3　SE602FZH 便携式
电子台秤

② 菜单功能：在菜单操作中，短按进入子菜单或者接受当前菜单选项。

菜单主功能（短按）：进入用户菜单。

打印键主功能（短按）：打印当前读数。

校准键第二功能（长按）：启动量程校正功能。

③ 在使用电子台秤之前需调整水平。

(2)电子分析天平　电子分析天平是最新一代的天平，其外观如图 2-4 所示。它利用电子装置完成电磁力补偿的调节，使物体在重力场中实现力矩的平衡。电子分析天平具有自动调零、自动校正、自动去皮、自动显示称量结果等特点，称量快速、简便。下面介绍电子分析天平的称量程序。

打开电源开关，预热，检查天平的水平位置。

① 从干燥器中取出称量瓶，将称量瓶放入天平托盘的正中央，关好天平门，待显示平衡后，按"O/T"键扣除称量瓶质量并显示"0.0000"。

② 从称量瓶中倾出样品，其方法见图 2-5，此时显示的读数为负值，去掉负号即为倾出样品的质量。

③ 称量完毕，取出称量瓶，按"O/T"键，显示"0.0000"，登记天平使用情况，经老师检查、签字后方可离开。最后一位同学称量后必须关闭电源，套上防尘罩，才能离开。

④ 值得注意的是，样品质量绝对不得超过天平的最大载重量，不允许在天平上称热的或具有腐蚀性的物体。

图 2-4　电子天平

图 2-5　样品倾倒法

2.4　液体体积的度量仪器及其使用方法

2.4.1　量筒

量筒是量取液体试剂的仪器之一。常见量筒的容量有 10 mL、100 mL、1 000 mL 等，可根据需要来选用。量取液体时，应用左手持量筒，并以大拇指指示所需体积的刻度处，右手持试剂瓶，将液体小心倒入量筒内。读取刻度时，应使量筒垂直，使视线与量筒内液面的弯月形最低处保持水平（即视线与凹液面最低点相切，图 2-6），偏高或偏低都会造成误差。

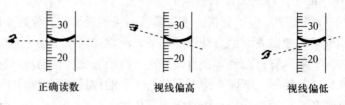

正确读数　　　　　视线偏高　　　　　视线偏低

图 2-6　量取量筒中的液体

2.4.2　移液管和吸量管

要求准确地移取一定体积的液体时，可以使用移液管或吸量管(图 2-7)。移液管的形状如图 2-7(a)所示。上部的玻璃管上有一标线，吸入的液体的弯月面下沿与此标线相切后，将液体自然放出，所放出的液体的总体积，就是移液管的容量。一般常用的有 25 mL、50 mL(293 K 或 298 K)等规格。

吸量管[图 2-7(b)]是一种刻有分度的内径均匀的玻璃管(下部管口尖细)。常用的吸量管有 10 mL、2 mL 和 1 mL 等多种规格，可以量取非整数的小体积液体。最小分度有 0.1 mL、0.02 mL 和 0.01 mL 等。量取液体时每次都是从上端 0.00 刻度开始，放至所需要的体积刻度为止。

移液管和吸量管的使用方法如下：

(1)使用前根据仪器的洁净程度可依次用洗液(可用吸耳球将洗液吸入管内，每次约吸至移液管球部 1/4 处)、自来水、蒸馏水洗至内壁不挂水珠为止。用吸水纸将管尖内外的水吸干，然后用少量待吸溶液洗涤 3 次。

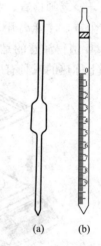

(a)　(b)

图 2-7　移液管(a)和
吸量管(b)

(2)吸取液体时，左手拿吸耳球，右手拇指及中指拿住移液管或吸量管的标线以上部位，使管下端伸入液面下 1~2 cm 深处，不应伸入太深，以免外壁沾有过多液体，也不应伸入太浅，以免液面下降时吸入空气。左手用吸耳球轻轻吸取液体，眼睛注意管中液面上升情况，移液管或吸量管应随容器中液体的液面下降而往下伸(图 2-8)。当液体上升到刻度标线以上时，迅速移去吸耳球，并用右手食指按住管口，将移液管从溶液中拿开，靠在容器壁上，视线与液面水平，稍微放松食指，让移液管在拇指和中指间微微转动，使液面缓慢下降，直到溶液的弯月面与标线相切时，立即用食指按紧管口，使溶液不再流出。

（3）取出移液管，移入准备接收溶液的容器中。将接收容器倾斜，使容器内壁紧贴移液管尖端管口，并成 45°左右。放松右手食指，使溶液自由地顺壁流下（图 2-9），待液面下降到管尖，停靠约 15 s 后取出移液管。此时可见管尖尚留有少量溶液，除移液管上有特别注明"吹"字的以外，这一滴溶液不必用外力使之放出，因为在校正移液管的容量时，就没有考虑这一部分溶液。

图 2-8　移出液体

图 2-9　放出液体

2.4.3　容量瓶

容量瓶是一种细颈梨形的平底玻璃瓶，带有磨口塞子或塑料塞。颈上有标线，表示在所指温度（一般为 298 K）下，当液体充满到标线时，液体体积恰好与瓶子所注明的体积相等。容量瓶有 50 mL、100 mL、250 mL、1 000 mL 等各种规格。容量瓶可用来配制准确浓度的溶液。

使用方法：

（1）检漏　使用前应检查瓶塞是否漏水，如漏水则不宜使用。检查方法如下：加自来水至标线附近，盖好瓶塞后，左手用食指按住塞子，其余四指拿住瓶颈标线以上部分（图 2-10），右手用指尖托住瓶底边缘，将瓶倒立 2 min 左右，如不漏水，将瓶直立，转动瓶塞 180°后，再倒过来检查一次，确无漏水后，方可使用。合适的瓶塞应用橡皮筋系在瓶颈上，以免打破或遗失。

图 2-10　容量瓶拿法

（2）洗涤　按常规操作把容量瓶洗涤干净（注意不能用毛刷刷洗）。

（3）配制溶液　如用固体物质配制溶液，应先把称好的固体试样放在烧杯中，加入少量水或其他溶剂将试样溶解，然后将溶液沿玻璃棒定量地转入容量瓶中(图2-11)。定量转移时要注意：烧杯嘴应紧靠玻璃棒，玻璃棒下端靠着瓶颈内壁，使溶液沿玻璃棒和内壁流入。溶液全部流完后，将烧杯轻轻向上提，同时直立，使附在玻璃棒与烧杯嘴之间的一滴溶液收回烧杯中。将玻璃棒放回烧杯，用蒸馏水多次洗涤烧杯和玻璃棒，把洗涤液也转移到容量瓶中，以保证溶质全部转移。加入蒸馏水，至容量瓶3/4左右容积时，将容量瓶拿起，按水平方向旋转几圈，使溶液初步混匀。继续加水至接近标线1 cm处，等1～2 min，使附在瓶颈的溶液流下，再用洗瓶或滴管滴加水至弯月面下缘与标线相切(小心操作，勿过标线)。塞紧瓶塞，按图2-12手法将容量瓶倒转，使气泡上升到顶，轻轻振荡，再倒转过来。如此反复约10次，将溶液混匀。由于瓶塞附近部分溶液此时可能未完全混匀，可将瓶塞打开，使瓶塞附近的溶液流下，重新塞好塞子，再倒转振荡2～3次，以使溶液全部混匀。如果固体是加热溶解的，则溶液必须冷却后才能转移到容量瓶中。假如要将一种已知准确浓度的浓溶液稀释为另一种准确浓度的稀溶液，则用移液管或吸量管吸取一定体积的浓溶液，放入适当的容量瓶中，然后按照上述方法稀释至标线。

 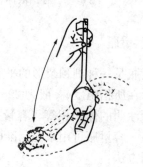

图2-11 往容量瓶中转移溶液　　　　图2-12 振荡容量瓶

2.5 试剂及取用方法

常用的化学试剂根据其纯度不同，分成不同的规格。我国生产的试剂一般分为4种规格，见表2-1。

表2-1 国产试剂规格

试剂规格	名　称	代　号	瓶签颜色	使用要求
一级	优级纯试剂或保证试剂	G.R.	绿色	用作基准物质，主要用于精密的研究和分析鉴定

（续）

试剂规格	名　　称	代　号	瓶签颜色	使用要求
二级	分析纯试剂或分析试剂	A. R.	红色	主要用于一般科研和定量分析鉴定
三级	化学纯试剂	C. P.	蓝色	用于要求较高的有机和无机化学实验或要求较低的分析化学实验
四级	实验试剂或工业试剂	L. R.	黄色	主要用于普通的化学实验和科研，有时也用于要求较高的工业生产

此外还有一些特殊要求的试剂，如指示剂、生化试剂、超纯试剂等。在实际使用过程中应当根据实验的要求，分别选用不同规格的试剂。在实验准备室中分装化学试剂时，一般把固体试剂装在广口瓶中，液体试剂或配制成的溶液则盛放在细口瓶或带有滴管的滴瓶中，见光易分解的试剂（如硝酸银等）则应盛放在棕色瓶内。每一试剂瓶上都贴有标签，上面写明试剂的名称、规格或浓度（溶液）以及日期。在标签外面涂一薄层蜡来保护它（图 2 - 13）。

图 2 - 13　试剂瓶

取用试剂时，不能用手接触化学药品。应根据用量取用试剂，不必多取，这样既可以节约药品，也能取得好的实验结果。对于公用试剂，取完后一定要及时把瓶塞盖严，并将试剂瓶放回原处。

2.5.1　固体试剂的取用规则

（1）要用干净的药勺取用。用过的药勺必须洗净和擦干后才能再使用，以免沾污试剂。

（2）取出试剂后应立即盖紧瓶盖，不要盖错盖子。

（3）称量固体试剂时，必须注意不要取多。取多的药品，不能倒回原瓶，可放在指定容器中供他人使用。

（4）一般的固体试剂可以放在干净的纸或表面皿上称量。具有腐蚀性、强氧化性或易潮解的固体试剂不能在纸上称量。不准使用滤纸来盛放称量物。

（5）有毒药品要在教师指导下取用。

2.5.2　液体试剂的取用规则

（1）从滴瓶中取用液体试剂时，滴管绝不能触及所用的容器器壁，以免沾污(图2-14),滴管放回原滴瓶时不要放错。不准用已用的滴管到瓶中取药。装有试剂的滴管不能平放或管口向上斜放,以免试剂流到橡皮胶头内。

(2)取用细口瓶中液体试剂时,先将瓶塞反放在桌面上,不要弄脏。拿试剂瓶时,要使瓶上贴有标签的一面面向手心方向,逐渐倾斜瓶子,以瓶口靠住容器壁,缓缓倒出所需液体。若所用容器为烧杯,可沿着洁净的玻璃棒注入烧杯(图2-15)。取出所需量后,逐渐竖起瓶子,把瓶口剩余的一滴试剂"碰"到容器口内或用玻璃棒引入烧杯中,以免液滴沿着瓶子外壁流下。液体取用完毕,即将瓶盖盖上,不要盖错盖子。需要注意的是,取多的试剂不能倒回原瓶,可倒入指定容器内供他人使用。

(3)定量量取液体试剂时根据需要可选用量筒或移液管。一般来讲,用于定性分析实验时可用量筒量取,用于定量分析实验时用移液管量取。

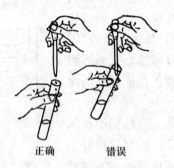

正确　　　错误

图2-14　往试管中滴加溶液

图2-15　液体试剂倒入烧杯

2.6　溶解、结晶与固液分离

2.6.1　固体的溶解

当固体物质溶解于溶剂中时,如固体颗粒太大,可先在研钵中研细。溶解时常用搅拌和加热等方法加速溶解。注意搅拌不能太猛烈,也不能使搅拌棒触及容器底部及器壁。如需加热,应视物质的热稳定性选用直接加热或水浴加热。

在试管中溶解固体时,可用振荡试管的方法加速溶解。振荡时不能上下振荡,也不能用手指堵住管口来回振荡。

2.6.2　蒸发(浓缩)

当溶液很稀而所制备的无机物的溶解度又较大时,为了能从中析出该物质的晶体，必须通过加热的方法，使水分不断蒸发，溶液不断浓缩。蒸发到一定程度时冷却，就可析出晶体。当物质的溶解度较大时，必须蒸发到溶液表面出现晶膜时才停止。当物质的溶解度较小或高温时溶解度较大而室温时溶解度较小时，不必蒸发到液面出现晶膜就可冷却。蒸发是在蒸发皿中进行，蒸发的面积较大，有利于快速浓缩。若无机物对热是稳定的，可以用煤气灯直接加热（应先均匀预热），否则用水浴间接加热。

2.6.3　结晶与重结晶

大多数物质的溶液蒸发到一定浓度下冷却，就会析出溶质的晶体。析出晶体的颗粒大小与结晶条件有关。如果溶液的浓度较高，溶质在水中的溶解度随温度下降而显著减小时，冷却得越快，则析出的晶体就越细小，否则就得到较大颗粒的结晶。搅拌溶液和静置溶液，可以得到不同的效果。前者有利于细小晶体的生成，后者有利于大晶体的生成。若溶液容易发生过饱和现象，可以用搅拌、摩擦器壁或投入几粒小晶体等办法，使其形成结晶中心，过量的溶质便会全部结晶析出。

如果第一次结晶所得物质的纯度不符合要求，可进行重结晶。其方法是在加热情况下使被纯化的物质溶于一定量的水中，形成饱和溶液，趁热过滤，除去不溶性杂质，然后使滤液冷却，被纯化物质即结晶析出，而杂质则留在母液中，过滤便得到较纯净的物质。若一次重结晶达不到要求，可再次重结晶。重结晶是提纯固体物质常用的重要方法之一，它适用于溶解度随温度有显著变化的化合物，对于溶解度受温度影响很小的化合物则不适用。

2.6.4　固液分离

液体与固体（如沉淀）的分离，最常用的方法有过滤法、离心分离法和倾析法。此处主要介绍过滤法和离心分离法。过滤法包括普通过滤、抽气过滤和热过滤。

（1）普通过滤　此法最为常用和简便，所需仪器为玻璃漏斗和滤纸。滤纸分为定性、定量、无磷滤纸等多种，每一种又有快、中、慢之分。定量滤纸常用于定量分析中，是经 HCl 和 HF 处理的，其中大部分无机物已被除去，灼烧后，每张滤纸灰分小于 0.1 mg，又叫无灰滤纸。常用定量滤纸规格见表2-2。

选用什么型号、种类的滤纸应根据固液的性质来确定。

表 2-2　定量滤纸规格

型　号	102	103	105
灰分质量/(mg·张⁻¹)	0.02	0.02	0.02
滤速/(s·mL⁻¹)	0.6~1.0	1.0~1.6	1.6~2.0
滤纸类别	快速	中速	慢速
色条标志	蓝	白	红

过滤前，先折滤纸。将圆形滤纸对折两次成四层直角状，展开成一面单层一面三层的圆锥体，放入漏斗（60°）恰能密合，若不密合，应根据漏斗适当扩大或缩小滤纸折叠角度，直至完全密合。滤纸边缘应略低于漏斗边缘，否则剪成略低于漏斗边缘。然后在三层滤纸处将外两层撕去一小角（图2-16），保留撕下的纸角，以备在转移固体时擦拭烧杯壁上附着的沉淀。

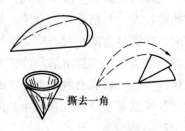

撕去一角

图 2-16　滤纸的折法

将折好的滤纸放入漏斗，手指按住滤纸，用蒸馏水湿润滤纸，再用洁净的玻璃棒轻压四周，使滤纸紧贴在漏斗上。将漏斗放在漏斗架上，下面放一洁净的接滤液的容器，调节漏斗架高度，使漏斗颈尖端紧靠接液容器的内壁。在过滤前，应先将盛有被过滤混合物的烧杯倾斜（图2-17）。转移溶液时，将玻璃棒下端指向三层滤纸一边，烧杯中上层清液

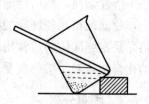

图 2-17　倾斜烧杯

沿玻璃棒缓慢流入漏斗（图2-18，注意勿搅动沉淀，尽量先移入清液，后移固体沉淀，防止固体堵塞滤孔），每次移入液体量不能超过容器的2/3，以防溶液溢过滤纸边缘而漏下。停止倒液体时，使烧杯竖直，将玻璃棒放回烧杯，勿靠在烧杯嘴处，移开烧杯。若需洗涤固体，将烧杯中清液移完后，往盛有固体的烧杯中加入少量洗涤剂，充分搅拌后放置，待固体下沉后，把洗涤液转入漏斗中，如此反复2~3遍，最后将固体沉淀移到滤纸上。洗涤一般遵循"少量多次"的原则。

固体沉淀是否洗净，需检查，可在漏斗下端接取少量滤液，加入适量试剂，观察相应的灵敏检验反应。若无灵敏反应现象，固体即被洗净。

如果需要过滤的混合物中含有与滤纸作用的物质如 $KMnO_4$，可在漏斗内层铺石棉或玻璃丝过滤。

如果混合物中固体是不能高温灼烧、不能与滤纸一起烘烤或只需干燥的固体，可用微孔玻璃漏斗(又名砂芯漏斗)过滤混合物。此漏斗底部滤板是用玻璃粉末在高温下熔结而成的，滤板孔隙大小有 1~6 号，常用的是 3、4 号。不能过滤含 HF、热浓磷酸、浓碱液的混合物，更不能在高温炉中灼烧。

图 2-18　过　滤

(2)抽气过滤(减压过滤或吸滤)　此法可加速过滤，且能将固体吸得比较干爽，适宜较大颗粒的固液分离。对胶体沉淀和颗粒很细的固体与液体的分离，因固体易堵塞滤孔反而使液体不易透过，不宜用此法。抽气过滤的装置如图 2-19 所示，由吸滤瓶、布氏漏斗、安全瓶、抽气泵组成。

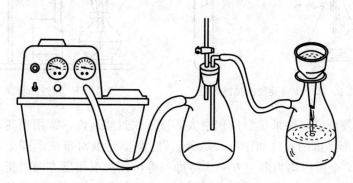

图 2-19　抽气过滤装置

抽气过滤是利用抽气泵将吸滤瓶内空气带走，使漏斗液面与瓶内有一压力差而加速过滤。过滤时，先剪一滤纸铺在布氏漏斗内，滤纸大小应略小于漏斗内径，以盖住瓷板上小孔为宜，用少量蒸馏水湿润。将布氏漏斗安装在吸滤瓶上，漏斗斜口应对着吸滤瓶的支管口，以防滤液被吸入支管中。打开抽气泵，使滤纸紧贴漏斗瓷板。在抽滤下，将待过滤混合物沿玻璃棒倒入漏斗中，抽滤。洗涤固体时，停止抽滤，加洗涤液于漏斗内的固体上，再抽滤；或按普通过滤的洗涤方法，将洗涤液转入漏斗，最后再将固体移入漏斗内吸滤。停止抽滤时，应先拆下吸滤瓶支管口处的橡皮管，然后关闭抽气泵。取下漏斗，用玻璃棒轻拨滤纸边，以取出滤纸和固体。

对少量物质，可使用玻璃针漏斗或小型多孔板漏斗(图2-20)。它们是在普通漏斗中加一玻璃钉或多孔板，漏斗内放一圆形滤纸，对玻璃钉漏斗，滤纸应比玻璃钉直径大4~5 mm，对多孔板漏斗，滤纸恰好盖住小孔为宜。将漏斗安装在吸滤瓶上，抽滤。

(3)热过滤 若混合物中溶质在降温时易以晶体形式析出，为避免过滤时因冷却析出结晶，又要除去一些不需要的杂质(热冷时都不溶解)，一般采用热过滤。其装置如图2-21所示，热水漏斗是玻璃漏斗装入一特制漏斗金属套内而制成的。

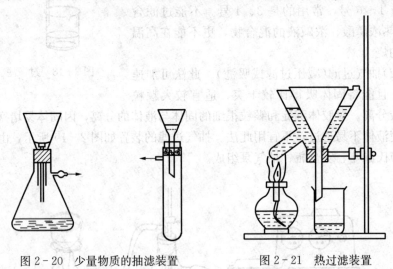

图2-20 少量物质的抽滤装置　　　　图2-21 热过滤装置

为了使滤液与滤纸接触面积增大，以加快过滤速度，常用菊花形滤纸过滤。菊花形滤纸的叠法如图2-22所示。将圆形滤纸对折成半圆形，然后等分8份，7个折痕均为同一方向。将每一等份按折痕相反方向对折，将半圆等分成16份的扇形。展形后，在原扇形两端各有一个折痕同向的折面，如图2-21(d)中1、2和2、3处，将此两折面向内对折，即得菊花形折叠滤纸。折叠时，在折纹集中的滤纸中心处勿重压，防止在过滤时破裂。

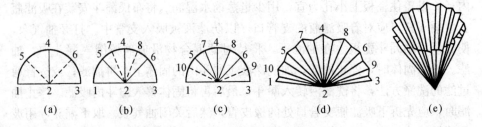

(a)　　　　(b)　　　　(c)　　　　(d)　　　　(e)

图2-22 菊花滤纸折叠图示

过滤时，将漏斗型金属套中盛入 2/3 的水，然后在侧管处加热至需要的温度。将折好的菊花形折叠滤纸放入漏斗中，必要时，可将此滤纸翻转后放入漏斗中，以免弄脏的一面接触滤液。按普通过滤的方法，迅速将热溶液过滤。若过滤液易燃，应先熄灭火焰，再趁热过滤。

(4)离心分离　少量液体与少量固体分离，可用此法。其装置如图 2-23 所示，主要有电动离心机和离心试管。

操作时，将待分离的混合物装入离心试管中。将离心试管装入离心机套内，为保持平衡，离心试管应对称放置。若只有一支离心试管，应在对称位置装入盛有与离心液等体积的蒸馏水的另一支离心试管，盖好盖子，开动离心机，离心 1~2 min 停止。开动或关闭离心机时应逐渐加速或停止，不能猛力启动或外力强制停止离心机，以防有危险。

离心后，将离心试管上方清液倾出或用滴管小心吸出，如图 2-24 所示。若需洗涤固体，应往离心试管中加入少量洗涤液，用玻璃棒充分搅拌后离心。重复 2~3 遍即可洗净固体。

图 2-23　离心分离装置

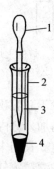

图 2-24　用小滴管吸取沉淀上层的溶液
1. 滴管　2. 离心试管　3. 溶液　4. 沉淀

对于静置后能很快沉降至容器底部的固体，可直接倾出清液于另一容器中，即倾析法。

2.7　加热仪器的使用

在化学实验中，经常需要加热，由于实验目的和要求不同，需采用不同的仪器和方法进行加热，现将化学实验中最常见的加热仪器和其使用方法介绍如下。

2.7.1 酒精灯的使用

酒精灯是化学实验中最常用的一种加热仪器，加热温度可达 400～500 ℃，可用于温度要求不太高的实验。它的火焰可分 3 层（图 2-25），即焰心、内焰（还原焰）、外焰（氧化焰），只有外焰燃烧得最完全，因而温度最高，因此加热时应把受热的器皿置于灯的内焰和外焰之间的位置上，此处加热效果最好。酒精灯为玻璃制品，其盖子带有磨口。点燃酒精灯需要用火柴（图 2-26），切勿用另一已点燃的酒精灯直接去点燃，以免灯内酒精外洒，引起火灾或烧伤。熄灭酒精灯时，盖上灯罩，拿起，再盖上即可，切勿用嘴去吹，以免灯内酒精燃烧。酒精灯不用时，必须将盖子盖好，以免酒精挥发。

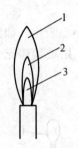

图 2-25　灯的火焰结构
1. 氧化焰　2. 还原焰　3. 焰心

图 2-26　点燃酒精灯

当灯中酒精少于总容积的 1/4 时，需添加酒精。添加时先把火焰熄灭，然后利用漏斗将酒精加入灯内，但应注意灯内酒精不要装得太满，一般以不超过其容积的 2/3 为宜。长期未用的酒精灯，在第一次点燃时，应先打开盖子，用嘴吹去其中聚集的酒精蒸气，然后点燃，以免发生事故。

2.7.2 酒精喷灯的使用

酒精喷灯的温度通常可达 1 000 ℃ 左右，所以可用于需温度较高的实验。常用的酒精喷灯有挂式和座式两种，这里只介绍挂式喷灯（图 2-27）。

使用挂式喷灯时，先将酒精贮存于悬挂高处的贮罐内，并在预热盆中注入少量酒精，点燃酒精使灯管充分预热，待酒精接近燃完时，开启开关，管口即

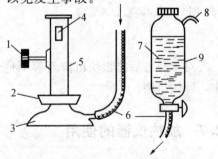

图 2-27　酒精喷灯
1. 开关　2. 预热盆　3. 座　4. 气孔　5. 灯管
6. 橡皮管　7. 酒精　8. 钩　9. 贮罐

有火焰冒出，酒精从灯座内进入灯管而受热汽化，并与进入气孔的空气混合。若预热盆中的酒精熄灭，则可用火柴点燃管口气体。火焰的大小可用开关阀门调节，用完后关闭开关，使火焰熄灭。

2.7.3　水浴加热

加热温度在 80 ℃以下的可用水浴。加热时，将容器下部浸入热水中（热浴的水液面高度应略高于容器中的液面），切勿使容器接触水浴锅底。调节火焰大小，将水温控制在所需的温度范围之内。如需要加热到接近 100 ℃，可用沸水浴或水蒸气浴。由于水的不断蒸发，应注意及时补加热水。有条件的可以用电热恒温水浴或用封闭式电炉加热水浴。

2.7.4　电炉的使用

电炉是实验常用的加热设备。电炉有不同的规格，如 500 W、1 000 W、1 500 W等，有的电炉可通过调节电阻来控制所需的加热温度，为使被加热的物体受热均匀，可在电炉上垫上一块石棉网。

使用电炉时应注意：电源的电压与电炉本身所需电压相符；电炉的连续使用时间不要太长，过长会缩短电炉的使用寿命；加热的容器如果是金属制品，切勿触及炉丝，否则易发生事故；炉盘内要经常保持清洁；使用完毕后，必须立即切断电源。

2.8　试纸的使用

在实验室经常使用试纸来定性检验一些溶液的性质或者某些物质是否存在。试纸操作简单，使用方便。

2.8.1　试纸的种类

试纸的种类很多，实验室常用的有 pH 试纸、醋酸铅试纸和碘化钾-淀粉试纸。

（1）pH 试纸　pH 试纸在实验室中用来检验溶液的 pH。一般有两类：一类是广泛 pH 试纸，变色范围在 pH＝1～14，用来粗略地检验溶液的 pH；另一类是精密 pH 试纸，这种试纸在 pH 变化较小时就有颜色的变化，可用来较精细地检验溶液的 pH。

（2）醋酸铅试纸　用于定性地检验反应中是否有 H_2S 气体产生（即溶液中是否有 S^{2-} 存在）。试纸在 $Pb(Ac)_2$ 溶液中浸泡过。使用时要用去离子水润湿试纸，将待测溶液酸化。如有 S^{2-}，则生成 H_2S 气体，与试纸上的 $Pb(Ac)_2$ 反应，生成黑色的 PbS 沉淀，使试纸发黑并有特征的金属光泽。

（3）碘化钾-淀粉试纸　用于定性地检验氧化性气体，如 Cl_2、Br_2 等。试纸在碘化钾-淀粉溶液中浸泡过，使用时要用去离子水将试纸润湿。氧化性气体溶于水将 I^- 氧化为 I_2，遇到试纸上的淀粉变蓝色。需要注意的是，如果氧化性气体的氧化性很强且气体浓度较大，则有可能将 I_2 氧化成 IO_3^-，而又使试纸褪色。

2.8.2　试纸的使用方法及注意事项

（1）试纸的使用方法

① pH 试纸：将一小块试纸放在点滴板上，用沾有待测溶液的玻璃棒点试纸的中部，试纸即被待测溶液润湿而变色。不要将待测溶液滴在试纸上，更不要将试纸泡在溶液里。试纸变色后，尽快与色阶板或比色卡比较，得出结论。

② 醋酸铅试纸与碘化钾-淀粉试纸：将一小块试纸润湿后粘在玻璃棒的一端，然后用此玻璃棒将试纸放到试管口，如有待测气体逸出则变色。注意，勿使试纸接触管壁和溶液。

（2）使用各种试纸的注意事项　使用试纸时要注意节约，应将试纸剪成小块，每次用一块。取出试纸后，应将装试纸的袋子或容器密封，以免被实验室内的气体污染而失效。

2.9　水的纯度

在做化学实验时，水是不可缺少的，洗涤仪器、配制溶液等都需要大量的水。而且不同实验对水的纯度要求不同，水的纯度直接影响实验结果的准确性。所以了解水的纯度、水的净化方法及纯度检验方法是十分必要的，这样才能根据实验的需要，正确选用不同纯度的水。

在实际工作中，水中含盐量大小（水中各种阴阳离子的数量）经常被作为水的纯度的主要指标，但是含盐量的测定比较复杂，经常用电阻率或导电率来表示。根据使用的实际情况，以下简要介绍化学实验室中常用的自来水、蒸馏水、去离子水。

2.9.1　自来水

自来水是指一般的城市生活用水，是地表水或地下水经人工简单处理得到的，它含有 Na^+、K^+、Ca^{2+}、Mg^{2+}、Al^{3+}、Fe^{3+}、CO_3^{2-}、HCO_3^-、SO_4^{2-}、Cl^- 等杂质离子，可溶于水的 CO_2、NH_3 等气体，以及某些有机物和微生物等。

由于自来水中杂质较多，所以不适用于一般的化学分析实验。在实验室中，自来水主要用于：

(1)初步洗涤仪器。

(2)某些无机物、有机物制备实验的起始阶段，大多数因所用原料不纯，所以开始阶段可以用自来水。

(3)制备蒸馏水等更纯的水和实验室中的加热水或冷却水。

2.9.2　蒸馏水

将自来水在蒸馏装置中加热汽化，然后将蒸汽冷凝就可以得到蒸馏水。由于杂质不挥发，所以蒸馏水中所含杂质比自来水少得多，比较纯净，但其中仍然含有少量杂质。这是因为：

(1)CO_2 溶于蒸馏水中使得蒸馏水显弱酸性。

(2)冷凝管、接收容器本身材料(如不锈钢、纯铝、玻璃等)中有些物质会溶入蒸馏水。

尽管如此，蒸馏水仍是实验室最常用的较纯净的溶剂或洗涤剂，常用来洗净仪器、配制溶液、做化学分析实验等。如果要用蒸馏法制备更纯的水，可在蒸馏水中加入适量的高锰酸钾($KMnO_4$)，再进行蒸馏。

2.9.3　去离子水

通过离子交换柱后所得到的水即为去离子水，也叫离子交换水。离子交换柱中装有离子交换树脂，通常是带有可交换基团的高分子聚合物。根据活性基团不同，可将其分为阳离子交换树脂和阴离子交换树脂两大类。阳离子交换树脂含有酸性基团(如磺酸基—SO_3H、羧基—COOH 等)，它们的 H^+ 能与溶液中的阳离子进行交换。阴离子交换树脂含有碱性基团[如氨基—NH_2、季氨基—R—$N(CH_3)_3Cl$]，其中的阴离子可与溶液的阴离子交换。

市售的离子交换树脂中，阳离子多为钠型，阴离子多为氯型，而且树脂中还常混入一些低聚物、色素及灰砂等，所以使用时必须先用水漂洗以除去混入的杂质，并用酸碱分别处理阳、阴离子交换树脂，使之转为氢型和氢氧型。制备去离子水时，一般采用氢型强酸性阳离子交换树脂和氢氧型强碱性阴离子交换树脂。

　　进行交换时，先将水经过阳离子交换柱，水中的阳离子（Na^+、K^+、Ca^{2+}、Mg^{2+}）被交换在树脂上，树脂上的 H^+ 进入水中。然后再经过阴离子交换柱，水中的阴离子（HCO_3^-、Cl^-）被交换，交换下来的 OH^- 进入水中，与水中的 H^+ 中和。最后再经过装有阴、阳离子交换树脂的混合柱，除去残存的阴、阳离子，最终得到去离子水，去离子水的纯度较蒸馏水高。

第3部分

实 验 部 分

实验一　溶液的配制

一、实验目的

1. 掌握几种常用的溶液配制方法和基本操作。
2. 熟悉有关的浓度计算。
3. 学习托盘天平、相对密度计、移液管、容量瓶的使用方法。

二、实验原理

1. 溶液配制的基本方法　普通化学实验通常配制的溶液有一般溶液和标准溶液。

（1）一般溶液的配制　配制一般溶液常用以下三种方法。

① 直接水溶法：对易溶于水而不发生水解的固体试剂，如 $NaOH$、$H_2C_2O_4$、KNO_3、Na_2CO_3、$NaCl$ 等，配制其溶液时，可用托盘天平称取一定量的固体于烧杯中，加入少量蒸馏水，搅拌溶解后稀释至所需体积，再转移入试剂瓶中。

② 介质水溶法：对易水解的固体试剂，如 $FeCl_3$、$SbCl_3$、$BiCl_3$ 等，配制其溶液时，称取一定量的固体，加入适量一定浓度的酸，使之溶解，再以蒸馏水稀释。摇匀后转入试剂瓶。另外，在水中溶解度较小的固体试剂，在选用合适的溶剂溶解之后，稀释，摇匀后转入试剂瓶。例如，固体 I_2，可先用 KI 水溶液溶解。

③ 稀释法：对于液态试剂，如 HCl、H_2SO_4、HAc 等，配制其稀溶液时，先用量筒量取所需的浓溶液，然后用适量的蒸馏水稀释。配制 H_2SO_4 溶液时，需特别注意，应在不断搅拌下将浓 H_2SO_4 缓慢倒入盛水的容器中，切不可颠倒顺序。需要注意的是，对于一些容易见光分解或易发生氧化还原反应的溶液，要注意防止其在保存期间失效。如 Sn^{2+} 及 Fe^{2+} 溶液应分别放入 Sn 粒和 Fe 屑。$AgNO_3$、$KMnO_4$、KI 应该贮存在干净的棕色瓶中。容易发生化

学反应的溶液应贮存在合适的容器中。

（2）标准溶液的配制　已知准确浓度的溶液称为标准溶液。配制标准溶液的方法有两种。

① 直接法：用分析天平准确称取一定量的基准试剂①于烧杯中，加入适量蒸馏水溶解后，转入容量瓶，稀释至刻度，摇匀。其准确浓度可由称取数据及体积求得。

② 标定法：不符合基准试剂条件的物质，不能用直接法配制标准溶液，但可配制成近似于所需浓度的溶液，然后用基准试剂或已知准确浓度的标准溶液标定它的浓度。

当需要通过稀释法配制标准溶液的稀溶液时，可用移液管准确吸取其浓溶液至适当的容量瓶中配制。

2. 溶液浓度的表示方法和计算

（1）质量分数（％）

$$w_B = \frac{m_B}{m} \times 100\% (m_B \text{ 表示溶质质量})$$

（2）质量浓度（g·mL^{-1}）

$$\rho_B = \frac{m_B}{V}$$

（3）物质的量浓度（mol·L^{-1}）

$$c_B = \frac{n_B}{V}, n_B = \frac{m_B}{M_B} (M_B \text{ 表示溶质的摩尔质量})$$

物质的量浓度与质量浓度的换算如下：

$$c_B = \frac{\rho_B \times w_B \times 1\,000}{M_B}$$

溶液稀释的计算

$$c_{B1} \cdot V_1 = c_{B2} \cdot V_2$$

（4）质量摩尔浓度（mol·kg^{-1}）

$$b_B = \frac{n_B}{m_A} (m_A \text{ 是溶剂的质量，单位为 kg})$$

三、仪器和试剂

1. 仪器　托盘天平、相对密度计、容量瓶（250 mL）、移液管（25 mL）、

---

① 能用于直接配制标准溶液或标定溶液浓度的物质，称为基准物质或基准试剂。它应具备以下条件：组成与化学式完全相符、纯度足够高、贮存稳定、参与反应时按反应式定量进行。

烧杯(100 mL)、量筒(50 mL)、试剂瓶、玻璃棒。

2. 试剂　H_2SO_4(浓)、HCl(浓)、NaCl(固体)、NaOH($1.000\ mol \cdot L^{-1}$)、$Na_2CO_3 \cdot 10H_2O$(固体)。

四、实验内容

1. 由固体试剂配制溶液(自己设计)

(1)配制 5.0% 的 NaCl 溶液 50 g。

(2)配制 $0.2\ mol \cdot L^{-1}$ Na_2CO_3 溶液 30 mL。

2. 由液体配制溶液

(1)由浓盐酸配制 1:3 的盐酸溶液 20 mL。

(2)由浓 H_2SO_4 配制 $1.0\ mol \cdot L^{-1}$ H_2SO_4 溶液 50 mL。先用相对密度计测量浓 H_2SO_4 的密度,从表 3−1 中查出相应的质量分数,计算所需浓 H_2SO_4 和水的用量,用量筒量取浓 H_2SO_4,在搅拌下缓慢倒入装有定量蒸馏水的烧杯中,混匀。

表 3−1　20 ℃时 H_2SO_4 密度与质量分数对照表

密度/(g·mL⁻¹)	1.01	1.07	1.14	1.22	1.30	1.40	1.50	1.61	1.73	1.81	1.82	1.83	1.84
质量分数/%	1	10	20	30	40	50	60	70	80	90	91	94	98

(3)用浓度为 $1.000\ mol \cdot L^{-1}$ 的 NaOH 溶液配制 250 mL 浓度为 $0.1000\ mol \cdot L^{-1}$ 的 NaOH 溶液。

五、思考题

1. 稀释浓 H_2SO_4 时应注意什么?

2. 使用相对密度计应注意什么?

3. 用容量瓶配制溶液时,是否要预先干燥容量瓶?

4. 洗净的移液管在使用前是否要用被移取的溶液洗涤? 为什么?

实验二　氯化钠的提纯

一、实验目的

1. 学习无机物分离提纯的基本操作:常压过滤、减压过滤、蒸发与浓缩。

2. 通过若干分离提纯的操作,掌握粗盐提纯的方法。

3. 掌握中间控制检验和检验产品中是否已除去杂质的方法。

二、实验原理

氯化钠试剂或氯碱工业用的食盐水,都是以粗盐为原料进行提纯的。粗盐中除了含有泥沙等不溶性杂质外，还含有 K^+、Ca^{2+}、Mg^{2+} 和 SO_4^{2-} 等可溶性杂质。不溶性杂质可用过滤法除去，可溶性杂质中的 SO_4^{2-}、Mg^{2+} 和 Ca^{2+} 则通过加 $BaCl_2$、$NaOH$ 和 Na_2CO_3 溶液，生成难溶的硫酸盐、碳酸盐沉淀而除去。在提纯过程中，为了检查某种杂质是否除尽，常取少量清液，滴加适当的试剂，以检验其中的杂质，这种方法称为"中间控制检验"。其中涉及的反应如下：

$$Ba^{2+} + SO_4^{2-} = BaSO_4$$
$$Mg^{2+} + 2OH^- = Mg(OH)_2$$
$$Ca^{2+} + CO_3^{2-} = CaCO_3$$

三、仪器和试剂

1. 仪器　托盘天平、蒸发皿、酒精灯、漏斗、布氏漏斗、漏斗架、吸滤瓶、石棉网、玻璃棒、洗瓶、烧杯（50 mL）、量筒（50 mL）。

2. 试剂　$HCl(6\ mol \cdot L^{-1})$、$NaOH(2\ mol \cdot L^{-1})$、$BaCl_2(1\ mol \cdot L^{-1})$、$Na_3PO_4(0.5\ mol \cdot L^{-1})$、粗盐、混合碱（$2\ mol \cdot L^{-1}$ 的 $NaOH$ 溶液和饱和 Na_2CO_3 溶液的等体积混合溶液）、镁试剂、滤纸、pH 试纸。

四、实验内容

1. 粗盐的溶解　称取 10.0 g 粗盐于烧杯中，加入约 40 mL 水，加热搅拌使其溶解。（粗盐溶液中会有少量不溶性的杂质，可趁热过滤，除去不溶性物质）

2. 去除 SO_4^{2-}、Mg^{2+} 和 Ca^{2+}（$BaCl_2$，$NaOH - Na_2CO_3$ 法）

（1）去除 SO_4^{2-}　继续加热上述热溶液，边搅拌边滴加 $1\ mol \cdot L^{-1}$ 的 $BaCl_2$ 溶液，目的是使 SO_4^{2-} 生成沉淀，并沉淀完全。所以在加入 1～2 mL 的 $1\ mol \cdot L^{-1}$ $BaCl_2$ 溶液后需要用中间控制检验法检查 SO_4^{2-} 是否除尽。此时可将烧杯从石棉网上取下，取少量上层溶液用漏斗过滤于试管内，加入几滴 $1\ mol \cdot L^{-1}$ 的 $BaCl_2$ 溶液。如果溶液有混浊，说明 SO_4^{2-} 未除尽，需再往热溶液中继续滴加 $BaCl_2$ 溶液。如果没有混浊，表示 SO_4^{2-} 已除尽，则趁热过滤，弃沉淀，留清液，进行下一步实验。

（2）去除 Ca^{2+}、Mg^{2+} 和过量的 Ba^{2+}　将滤液加热至沸，边搅拌边滴加 $NaOH - Na_2CO_3$ 混合碱至溶液的 pH 约等于 11。同样取清液检验 Ba^{2+} 除尽后，继续加热煮沸数分钟。趁热过滤于干净的蒸发皿中，弃沉淀。

（上述两步的中间控制检验是本实验的学习重点，不可忽略。）

3. 去除剩余的 CO_3^{2-}　加热搅拌溶液，加入 $6\ mol \cdot L^{-1}$ 的 HCl 至溶液的

pH 为 $2\sim3$，使 CO_3^{2-} 转化成 CO_2 而被除去。

4. 蒸发、结晶　于蒸发皿中加热蒸发浓缩上述溶液，并不断搅拌至稠状（不可蒸干）。趁热置于布氏漏斗中抽干，冷却至室温后称重，计算该提纯过程的产率。

5. 产品质量检验　取粗盐和产品各 1 g 左右，分别溶于约 5 mL 蒸馏水中。定性检验溶液中是否有 SO_4^{2-}、Ca^{2+} 和 Mg^{2+} 存在，比较实验结果。

(1)SO_4^{2-} 的检验可用 $1\ mol \cdot L^{-1}$ 的 $BaCl_2$ 溶液。

(2)Ca^{2+} 的检验可用 $0.5\ mol \cdot L^{-1}$ Na_3PO_4 溶液。

(3)Mg^{2+} 的检验可用镁试剂(对硝基苯偶氮间苯二酚 $C_{12}H_9N_3O_4$，溶于稀碱中呈红紫色，遇镁呈亮蓝色，用于鉴定镁)。

【安全提示】可溶性钡盐有毒，请将可溶性钡盐沉淀为硫酸钡后倒入指定回收桶中。

五、思考题

1. 能否用重结晶的方法提纯氯化钠?

2. 能否用氯化钙代替毒性大的氯化钡来除去食盐中的 SO_4^{2-}?

3. 在提纯粗盐溶液过程中，K^+ 将在哪一步除去?

4. 在产品质量检验中，Ca^{2+} 还可以用哪些方法检验?

5. 在检验产品纯度时，是否可用自来水溶解提纯后的氯化钠? 为什么?

实验三　硫酸亚铁铵的制备

一、实验目的

1. 了解复盐硫酸亚铁铵的制备方法。

2. 掌握托盘天平称量、溶解、过滤、蒸发、结晶、干燥等基本操作。

二、实验原理

铁能溶于稀硫酸中，生成硫酸亚铁：

$$Fe + H_2SO_4(稀) = FeSO_4 + H_2\uparrow$$

硫酸亚铁与等物质的量(单位 mol)的硫酸铵在水溶液中相互作用，生成溶解度较小的硫酸亚铁铵，经蒸发、浓缩可制得浅蓝绿色硫酸亚铁铵复盐晶体。该晶体称为摩尔盐。它比一般的亚铁盐稳定，在空气中不容易被氧化。

$$FeSO_4 + (NH_4)_2SO_4 + 6H_2O = FeSO_4 \cdot (NH_4)_2SO_4 \cdot 6H_2O$$

在制备硫酸亚铁的过程中，溶液需要保持足够的酸度，以防止 Fe^{2+} 的氧化和水解。通常，亚铁盐在空气中易被氧化，但形成复盐后就比较稳定，不易被氧化，因此在定量分析中常用来配制亚铁离子的标准溶液。

$FeSO_4$、$(NH_4)_2SO_4$、$FeSO_4 \cdot (NH_4)_2SO_4 \cdot 6H_2O$ 三种盐的溶解情况见表 3-2。

表 3-2　100 g 水中三种盐的溶解度(g)

温度/℃	$FeSO_4$ ($M_r=151.9$)	$(NH_4)_2SO_4$ ($M_r=132.1$)	$FeSO_4 \cdot (NH_4)_2SO_4 \cdot 6H_2O$ ($M_r=392.1$)
10	20.0	73.0	17.2
20	26.5	75.4	21.6
30	32.9	78.0	28.1

产品中 Fe^{3+} 的含量可用比色法来测定。Fe^{3+} 能与 SCN^- 生成血红色的 $[Fe(SCN)]^{2+}$ 等。产品溶液加入 SCN^- 后显较深的红色，则表明产品中含 Fe^{3+} 较多，反之则表明产品中含 Fe^{3+} 较少。因而可将所制备的硫酸亚铁铵与 KSCN 在比色管中配成待测溶液，将它所呈现的红色与 $[Fe(SCN)]^{2+}$ 标准溶液色阶进行比较，找出与之深浅程度一致的那支标准溶液，则该支标准溶液所示 Fe^{3+} 含量即为产品的杂质 Fe^{3+} 含量。依此可确定出产品的等级。

在 1 g 产品中：

Ⅰ级试剂：硫酸亚铁铵含 Fe^{3+} 的限量为 0.05 mg；

Ⅱ级试剂：硫酸亚铁铵含 Fe^{3+} 的限量为 0.1 mg；

Ⅲ级试剂：硫酸亚铁铵含 Fe^{3+} 的限量为 0.2 mg。

三、仪器和试剂

1. 仪器　托盘天平、蒸发皿、酒精灯、漏斗、布氏漏斗、漏斗架、吸滤瓶、石棉网、玻璃棒、洗瓶、烧杯(50 mL)、量筒(50 mL)、比色管(25 mL)、滤纸。

2. 试剂　H_2SO_4(3 mol·L^{-1})、Na_2CO_3(10%)、KSCN(25%)、$(NH_4)_2SO_4$ (固体)、铁屑、HCl(3 mol·L^{-1})、$NH_4Fe(SO_4)_2 \cdot 12H_2O$(固体)、pH 试纸。

四、实验内容

1. 铁屑表面去除油污　称取 2.0 g 铁屑，放入 50 mL 烧杯中，加入 15 mL 10% Na_2CO_3 溶液。于酒精灯上小火加热 10 min 后，用倾析法去掉碱溶液，用蒸馏水把铁屑冲洗干净。若铁屑清洁，可省去此步骤。

2. 硫酸亚铁的制备　在盛有 2.0 g 清洁铁屑的小烧杯中加入 15 mL 3 mol·L^{-1}

H_2SO_4 溶液，放在石棉网上用小火加热，使铁屑与稀硫酸反应至不再有气泡冒出为止(约需 15 min)。在加热过程中应不时加入少量蒸馏水，以补充被蒸发掉的水分，防止 $FeSO_4$ 结晶出来。趁热用漏斗过滤，滤液立即转移至干净的蒸发皿中。操作中溶液的 pH 应控制在 1.0 左右。将留在烧杯和滤纸上的残渣收集在一起，用滤纸吸干后称重。根据已反应的铁屑质量，计算出溶液中 $FeSO_4$ 的理论产量。

3. 硫酸亚铁铵的制备 根据 $FeSO_4$ 的理论产量，按化学式中 $n[(NH_4)_2SO_4]$：$n(FeSO_4)=1:1$ 计算并称取所需固体 $(NH_4)_2SO_4$ 的用量。将称得的 $(NH_4)_2SO_4$ 固体加到已制得的 $FeSO_4$ 溶液中，加热溶解。用 3 mol·L^{-1} H_2SO_4 溶液调节 pH 为 1.0~2.0，继续用小火蒸发浓缩至溶液表面出现晶膜为止(蒸发过程不宜搅动)。放置缓慢冷却，得硫酸亚铁铵晶体，减压过滤除去母液并尽量吸干。把晶体转移到表面皿上晾干片刻，观察晶体的颜色和形状，称重，计算产率。

$$产率 = \frac{实际产量}{理论产量} \times 100\%$$

五、产品检验

1. Fe(Ⅲ)标准溶液的配制 称取 0.863 4 g $NH_4Fe(SO_4)_2 \cdot 12H_2O$，溶于少量水中，加 2.5 mL 3 mol·$L^{-1}$ H_2SO_4，移入 1 000 mL 容量瓶中，用蒸馏水稀释至刻度。此溶液含 Fe^{3+} 为 0.100 0 g·L^{-1}。

2. 标准色阶的配制 取 0.5 mL Fe(Ⅲ)标准溶液于 25 mL 比色管中，加入 2 mL 3 mol·L^{-1} HCl 和 1 mL 25% KSCN 溶液，用不含氧的水稀释至刻度，配制成相当于一级试剂的标准溶液(含 Fe^{3+} 0.05 mg·mL^{-1})。同样取 1.00 mL 和 2.00 mL Fe(Ⅲ)标准溶液配制成相当于二级和三级试剂的标准溶液(含 Fe^{3+} 分别为 0.1 mg·mL^{-1} 和 0.2 mg·mL^{-1})。

3. Fe(Ⅲ)的限量分析 取 1 g 样品于 25 mL 比色管中，加入 15 mL 不含氧的蒸馏水溶解后，加入 2 mL 3 mol·L^{-1} HCl 和 1 mL 25% KSCN 溶液，加入不含氧的水至刻度，摇匀，与标准色阶比较，确定产品级别。

六、思考题

1. 为什么制备硫酸亚铁铵晶体时，溶液必须呈酸性？
2. 在蒸发硫酸亚铁铵溶液过程中，有时溶液变黄，为什么？此时应如何处理？
3. 硫酸亚铁铵的理论产量如何计算？列出计算式。

实验四　$CuSO_4 \cdot 5H_2O$ 的制备与提纯

一、实验目的

1. 了解金属与酸作用制备盐的方法。
2. 进一步学习并熟悉加热、浓缩、常压过滤等基本操作。
3. 学习重结晶基本操作。

二、实验原理

纯铜属于不活泼金属，不能溶于非氧化性酸中，但其氧化物在稀酸中极易溶解。因此，工业上制备胆矾（$CuSO_4 \cdot 5H_2O$）时，先把 Cu 转化成 CuO（灼烧或加氧化性酸），然后与适量浓度的 H_2SO_4 作用生成 $CuSO_4$。本实验采用浓 HNO_3 作氧化剂，使 Cu 片在 H_2SO_4 介质中与浓 HNO_3 作用来制备 $CuSO_4$。反应式为

$$Cu + 2HNO_3 + H_2SO_4 = CuSO_4 + 2NO_2(g) + 2H_2O$$

溶液中除生成 $CuSO_4$ 外，还含有一定量的 $Cu(NO_3)_2$ 和其他一些可溶性或不溶性杂质。不溶性杂质可过滤除去。利用 $CuSO_4$ 与 $Cu(NO_3)_2$ 在 H_2O 中的溶解度不同可将 $CuSO_4$ 分离提纯。

由表 3-3 中数据可知，$Cu(NO_3)_2$ 在 H_2O 中的溶解度不论在高温还是低温都比 $CuSO_4$ 大得多。因此，当热溶液冷却到一定温度时，$CuSO_4$ 首先达到过饱和而开始结晶析出，随着温度继续下降，$CuSO_4$ 不断从溶液中析出，$Cu(NO_3)_2$ 则大部分仍留在溶液中，只有小部分随 $CuSO_4$ 析出。这一小部分 $Cu(NO_3)_2$ 和其他一些可溶性杂质，可再经重结晶的方法除去，最后达到制得纯 $CuSO_4 \cdot 5H_2O$ 的目的。

表 3-3　$CuSO_4$ 和 $Cu(NO_3)_2$ 在 100 g 水中的溶解度（g）

物　质	0 ℃	20 ℃	40 ℃	60 ℃	80 ℃
$CuSO_4 \cdot 5H_2O$	23.3	32.3	46.2	61.2	83.8
$Cu(NO_3)_2 \cdot 6H_2O$	81.8	125.1			
$Cu(NO_3)_2 \cdot 3H_2O$			约 160	约 178.5	约 208

三、仪器和试剂

1. 仪器　烧杯（250 mL、100 mL）、量筒（100 mL、10 mL）、蒸发皿、漏

斗、表面皿、漏斗架、滤纸。

2. 试剂　HNO_3（$1\ mol\cdot L^{-1}$）、HCl（$2\ mol\cdot L^{-1}$）、H_2SO_4（$1\ mol\cdot L^{-1}$）、H_2SO_4（$3\ mol\cdot L^{-1}$）、HNO_3（浓）、$NH_3\cdot H_2O$（$2\ mol\cdot L^{-1}$、$6\ mol\cdot L^{-1}$）、$KSCN$（$1\ mol\cdot L^{-1}$）、Cu 片（剪碎）、H_2O_2（3%）。

四、实验内容

1. Cu 片的净化　称取 3 g 剪细的 Cu 片，放入蒸发皿中，加入 7 mL $1\ mol\cdot L^{-1}$ HNO_3 溶液，小火加热，以洗掉 Cu 片上的污物（不要加热太久，以免 Cu 片过多地溶解在稀 HNO_3 中影响产率）。用倾析法除去酸液，并用水洗净 Cu 片。若铜片清洁，可省略此步骤。

2. CuSO₄·5H₂O 的制备　在通风橱中，往盛有 Cu 片的蒸发皿中加入 12 mL $3\ mol\cdot L^{-1}$ H_2SO_4 溶液，然后慢慢分批加入 5.5 mL 浓 HNO_3。待反应缓和后，在蒸发皿上加盖表面皿，放在小火或水浴上加热。在加热过程中，需补加由 6 mL $3\ mol\cdot L^{-1}$ H_2SO_4 溶液和 1.5 mL 浓 HNO_3 组成的混酸溶液（应根据反应情况的不同而决定补加混酸的量）。待反应完全后（Cu 片近于全部溶解），趁热用倾析法将溶液转至一个小烧杯中，留下不溶性杂质。再将生成的 $CuSO_4$ 溶液转回洗净的蒸发皿中，在水浴上缓慢加热，浓缩至表面有晶膜出现。取下蒸发皿，使溶液逐渐冷却析出结晶，减压抽滤得到 $CuSO_4\cdot 5H_2O$ 粗晶。称出粗晶质量。计算产率（以湿品计算，应不少于 85%）。

产品质量：＿＿＿＿＿＿＿＿（g）。

理论产量：＿＿＿＿＿＿＿＿（g）。

产率：＿＿＿＿＿＿＿＿＿＿（%）。

3. 重结晶法提纯 CuSO₄·5H₂O　将上面制的粗 $CuSO_4\cdot 5H_2O$ 晶体在托盘天平上称出 1 g 留作分析样，其余放入小烧杯中。按 $m(CuSO_4\cdot 5H_2O)$：$m(H_2O)=1:3$ 的比例加入纯水，加热溶解。滴加 2 mL 3% H_2O_2，将溶液加热，同时滴加 $2\ mol\cdot L^{-1}$ $NH_3\cdot H_2O$（或 $0.5\ mol\cdot L^{-1}$ $NaOH$）直到溶液 pH 至 4，再多加 1～2 滴，加热片刻，静置，使生成的 $Fe(OH)_3$ 及不溶物沉降。过滤，滤液流入洁净的蒸发皿中，滴加 $1\ mol\cdot L^{-1}$ H_2SO_4 溶液，调 pH 至 1～2，然后在石棉网上加热、蒸发、浓缩至液面出现晶膜时，停止加热。以冷水冷却，抽滤（尽量抽干），取出结晶，放在两层滤纸中间挤压，以吸干水分，称其质量，计算产率。

产品质量：＿＿＿＿＿＿＿＿（g）。

理论产量：＿＿＿＿＿＿＿＿（g）。

产率：＿＿＿＿＿＿＿＿（%）。

4. CuSO₄·5H₂O 纯度检验（如无 Fe^{3+}，此过程可省略）

(1)将 1 g 粗 $CuSO_4·5H_2O$ 晶体放入小烧杯中，用 10 mL 蒸馏水溶解，加入 1 mL 1 mol·L^{-1} H_2SO_4 酸化，加 2 mL 3‰ H_2O_2，煮沸片刻，使 Fe^{2+} 被氧化成 Fe^{3+}，待溶液冷却后，在搅拌下滴加 6 mol·L^{-1} $NH_3·H_2O$ 溶液直至生成沉淀完全溶解，使溶液呈深蓝色为止。此时 Fe^{3+} 成为 $Fe(OH)_3$ 沉淀，而 Cu^{2+} 则成为 $[Cu(NH_3)_4]^{2+}$。将此溶液分 4～5 次加入漏斗内过滤，用滴管吸取 2 mol·L^{-1} $NH_3·H_2O$ 洗涤沉淀，直至洗去蓝色为止。此时 $Fe(OH)_3$ 为黄色沉淀留在滤纸上，用少量蒸馏水冲洗，再用滴管将 2 mol·L^{-1} HCl 溶液滴在滤纸上溶解 $Fe(OH)_3$ 沉淀，以洁净的试管接收滤液。然后在滤液中加入 2 滴 1 mol·L^{-1} KSCN 溶液，观察血红色配合物的产生。保留此液供后面比较用。

(2)称取 1 g 提纯过的 $CuSO_4·5H_2O$ 晶体，重复上述操作，比较两种溶液血红色的深浅，确定产品的纯度。

五、思考题

1. 用 3 g Cu 屑制备 $CuSO_4·5H_2O$ 晶体，理论上需要多少 3 mol·L^{-1} H_2SO_4？实际用量为什么比理论多？

2. 什么叫重结晶？NaCl 可以用重结晶法进行提纯吗？

实验五　凝固点下降法测定摩尔质量

一、实验目的

1. 掌握溶液凝固点的测定技术。

2. 学习和掌握凝固点下降法测定萘的摩尔质量的原理和方法。

3. 加深对稀溶液依数性的认识。

二、实验原理

稀溶液具有依数性，稀溶液的凝固点下降就是依数性的一种表现。对于二组分稀溶液，如果溶质在溶液中不发生缔合和分解，也不与固态纯溶剂生成固溶体，其凝固点低于纯溶剂的凝固点，当溶剂的种类和数量确定后，凝固点降低值只与溶质粒子的数目有关，而与溶质的本性无关。因此凝固点的下降值 (ΔT_f) 与溶质 B 的质量摩尔浓度 (b_B) 之间的关系为

$$\Delta T_f = T_f^* - T_f = K_f \times b_B \qquad (1)$$

如果稀溶液是由质量为 m_B 的溶质溶于质量为 m_A 的溶剂中而构成，则上

式可写为

$$\Delta T_f = K_f \times \frac{1\,000\,m_B}{M_B \times m_A} \tag{2}$$

即

$$M_B = K_f \times \frac{1\,000\,m_B}{\Delta T_f m_A} \tag{3}$$

式中：T_f^* 为纯溶剂的凝固点（K）；T_f 为溶液的凝固点（K）；K_f 为溶剂的摩尔凝固点下降常数（K·kg·mol^{-1}）；M_B 为溶质的摩尔质量（g·mol^{-1}）。

已知环己烷的 $T_f^* = 279.69$ K，$K_f = 20.0$ K·kg·mol^{-1}，通过实验测出溶液的凝固点下降值 ΔT_f，代入式（3），即可求得溶质萘的摩尔质量。

纯溶剂的凝固点就是它的液相和固相共存的平衡温度。若将纯溶剂逐步冷却，未凝固之前，温度将随时间的推移均匀下降；当冷至某温度时，有晶体析出，放热，补充了因冷却而散失的热量，故温度保持不变，直到液体全部凝固后，温度再继续均匀下降。此温度即为溶剂的凝固点。其冷却曲线如图 3 - 1(a)所示，但实际过程常发生过冷现象（一般可以加强搅拌减弱过冷现象），即在其凝固点以下才开始析出固体，此时由于放出热量，温度又开始上升，固液两相达平衡，其冷却曲线如图 3 - 1(b)所示，此时 B 点所对应的温度 T 才是溶剂的凝固点（T_f^*）。

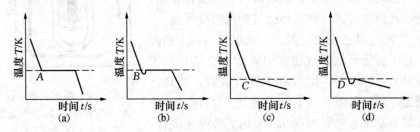

图 3 - 1　纯溶剂和溶液的冷却曲线

溶液的凝固点是该溶液的液相与溶剂的固相共存时的平衡温度。若将溶液逐步冷却，一旦有溶剂从溶液中析出，溶液的浓度便随着增大，溶液的凝固点将随着进一步下降，因此其凝固点不是一个恒定的值，其冷却曲线与纯溶剂的不同。由于溶剂结晶析出的同时伴有热量放出，温度下降的速率减小，因此在冷却曲线上出现一个转折点 C，如图 3 - 1(c)所示，这个转折点对应的温度即为溶液的凝固点，它相当于溶剂从溶液中刚开始凝固析出的温度。因为溶液冷却过程中也会有过冷现象，实际溶液的冷却曲线如图 3 - 1(d)所示。溶液的凝固点可按此图所表示的方法加以校正，即将结晶析出后的冷却曲线下方的斜直线向上延长，与过冷前曲线相交，其交点 D 的温度即为溶液有结晶开始析出时的凝固点。

三、仪器和试剂

1. 仪器　凝固点测定仪、数字贝克曼（Beckmann）温度计、移液管（25 mL）、烧杯（200 mL、400 mL）、温度计（－10～100 ℃）、分析天平。

2. 试剂　环己烷（A. R.）、萘（A. R.）、冰块。

四、实验内容

1. 调节冷冻剂的温度　图 3-2 为凝固点测定装置。冷冻剂水槽中装自来水和碎冰，以保持温度在 4～4.5 ℃。

2. 测定环己烷的凝固点

（1）测定环己烷的近似凝固点　按图 3-2 装好凝固点测定仪。管 A、温度计 D 及搅拌棒 E 均需洁净干燥。用移液管吸取 25.00 mL 环己烷，加入管 A 中，塞上塞子，将管 A 插入冷冻剂中，用搅拌棒 G 和 E 上下搅拌，使环己烷逐渐冷却，同时观察温度计上温度降低情况，当温度下降减慢几乎停顿时，取出管 A，此时管内若有固体析出，则记下此温度读数，即是环己烷的近似凝固点。

（2）测定环己烷的凝固点　取出管 A，不断搅拌，用手握管至微温，使管中固体完全熔化，再将管插入冷冻剂中，用 G 和 E 迅速搅拌，使环己烷快速冷却，每隔 30 s 读一次温度，当环己烷的温度降至高于近似凝固点 0.2 ℃时，E 停止搅拌，此时环己烷温度继续下降，当温度低于近似凝固点 0.2 ℃时用 E 迅速搅拌，G 停止搅拌，促使固体析出，此时温度先下降后迅速上升，应密切观

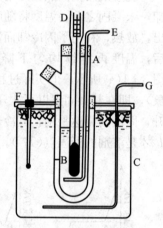

图 3-2　凝固点测定仪
A. 盛溶液内管　B. 空气套管
C. 冰槽　D. 数字温度计
E. 玻璃搅拌棒　F. 冰槽内的温度计
G. 冰槽搅拌棒

察，读出该时刻的最高温度，即为环己烷的凝固点 T_f^*。重复测定环己烷的凝固点两次，直到取得三个数的偏差不超过±0.005 ℃的数据为止，取其平均值即为环己烷的凝固点。

（3）测定溶液的凝固点　取出管 A，在管中加入 0.10～0.12 g（准确至0.000 2 g）事先已准确称量的萘（注意勿沾于管壁），搅拌使其完全溶解，然后依上法先测定溶液的近似凝固点，再精确测定凝固点。重复三次，要求偏差不超过±0.005 ℃，取其平均值。

【注意】为了做到过冷，冷冻剂温度需要调节在低于待测液凝固点 1～2 ℃。

实验中要注意随时调节冷冻剂的温度。

【安全提示】萘为有毒有机物，遇明火、高热可燃，实验中请勿使用明火，废液倒入指定回收桶中。

五、数据处理

萘的质量：$m_B =$　　　　　　　　环己烷的质量：$m_A =$

1. 环己烷

时间									
温度									

2. 溶液

时间									
温度									

以温度为纵坐标，时间为横坐标作冷却曲线，分别求出环己烷和溶液的凝固点 T_f^* 和 T_f。

3. 计算萘的摩尔质量

平行测定	第一次	第二次
环己烷的凝固点 T_f^*/K		
溶液的凝固点 T_f/K		
凝固点下降值 $\Delta T_f/K$		
萘的摩尔质量 $M/(g \cdot mol^{-1})$		

六、思考题

1. 什么是过冷现象？

2. 为什么纯溶剂和溶液的冷却曲线不同？如何根据冷却曲线确定凝固点？

实验六　化学反应摩尔焓变的测定

一、实验目的

1. 掌握测定中和热的原理和方法。

2. 学习掌握 SWC - ZH 中和热（焓变）测定装置的使用。

二、实验原理

在化学反应过程中，系统吸收或放出的热量称为反应热。

一元强酸强碱中和反应的实质是 H^+ 和 OH^- 化合生成水的反应，该反应是一放热反应。在一定的温度、标准状态下，1 mol H^+(aq)和 1 mol OH^-(aq)反应生成 1 mol H_2O(l)所放出的热量叫标准摩尔中和热，298 K 时其值为

$$H^+(aq) + OH^-(aq) = H_2O(l) \quad \Delta_r H_m^{\ominus} = -55.85 \ kJ \cdot mol^{-1}$$

测量中和热的方法很多，本实验采用 SWC-ZH 中和热(焓变)测定装置进行测量。假设反应放出的热量全部被该装置吸收，使系统温度升高；通过测量反应前后系统的温度及有关物质的热容，从而计算反应放出的热量。

三、仪器使用方法及注意事项

1. 仪器前面板 仪器前面板如图 3-3 所示，图中各数字代表的具体功能简介如下：

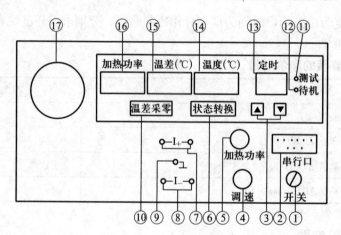

图 3-3 仪器前面板

① 电源开关。

② 串行口：计算机接口(可选配)。

③ 增、减键按钮：按增、减键设置所需定时时间。

④ 调速旋钮：调节磁力搅拌器的速率。

⑤ 加热功率旋钮：根据需要调节所需输出加热的功率。

⑥ 状态转换键：测试功能与待机功能之间的转换。

⑦ 正极接线柱：负载的正极接入处。

⑧ 负极接线柱：负载的负极接入处。

⑨ 接地接线柱。

⑩ 温差采零键：在待机状态下，按下此键对温差进行清零。

⑪ 测试指示灯：灯亮表明仪器处于测试工作状态。

⑫ 待机指示灯：灯亮表明仪器处于待机工作状态。

⑬ 定时显示窗口：显示所设定的定时时间间隔。

⑭ 温度显示窗口：显示所测物的温度值。

⑮ 温差显示窗口：显示温差值。

⑯ 加热功率显示窗口：显示输出的加热功率值。

⑰ 固定架：固定中和热反应器。

2. 仪器后面板　仪器后面板如图 3－4 所示。

3. 量热杯　量热杯如图 3－5 所示。

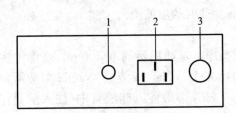

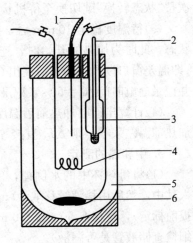

图 3－4　仪器后面板

1. 保险丝(2 A)　2. 电源插座(与～220 V 连接)
　3. 传感器插座(将传感器插头插入)

图 3－5　量热杯

1. 传感器　2. 玻璃棒　3. 碱储液管
4. 加热丝　5. 量热杯　6. 搅拌磁珠

四、实验内容

1. 安装仪器

(1)打开机箱盖，将仪器平稳地放在实验台上，将传感器 PT100 插头接入后面板传感器座，用配置的加热功率输出线接入"I＋""I－""红-红""蓝-蓝"，接入220 V 电源。

(2)打开电源开关，仪器处于待机状态，仪器指示灯亮，如图 3－6 所示。预热 10 min。

(3)将量热杯放在反应器的固定架上。

加热功率(W)	温差(℃)	温度(℃)	定时(s)
0000	0.172	20.17	00

图 3-6　显示屏

2. 热量常数 K 的测定

(1)用滤纸(或吸水纸)擦净量热杯，量取 500 mL 蒸馏水注入其中，放入搅拌磁珠，调节适当的转速。

(2)将 O 形圈套入传感器并将传感器插入量热杯中(不要与加热丝相碰)，将功率输入线两端接在电热丝两接头上。按"状态转换"键切换至待机状态(待机指示灯亮)，在待机状态下设定"定时"60 s，然后切换至测试状态(测试指示灯亮)，调节"加热功率"调节旋钮，使其输出为所需功率(一般为 2.5 W)，再次按"状态转换"键切换至待机状态，并取下加热丝两端任一夹子。

(3)待温度稳定 10 min 后，夹上加热夹子。按"状态转换"键切换至"测试"状态，此时为加热的开始时，连续记录温差和计时。待温度升高 0.8～1.0 ℃(即温差窗口读数比加热前高出 0.8～1.0 ℃)，停止加热(取下加热丝的夹子)，并记录通电时间 t($t=60$ s×记录次数)和温差。

(4)计算出通电加热前后温度的变化 ΔT_1(可由加热前后温差差值计算，若加热前温差采零，则 ΔT_1 直接等于停止加热时的温差值)。

3. 中和热的测定

(1)将量热杯中的水倒掉，用滤纸擦净，重新用量筒取 400 mL 蒸馏水注入其中，然后用移液管移取 50 mL 1.0 mol·L^{-1} NaOH 溶液(NaOH 溶液需要提前标定)，再移取 50 mL 1.0 mol·L^{-1} HCl 溶液注入储液管中(注入前要仔细检查储液管是否漏液)。

(2)让磁珠保持前面的转速，盖好量热杯盖，稳定 10 min。记录中和前的温差值。

(3)迅速拔出玻璃棒，加入 HCl 溶液(不要用力过猛，以免相互碰撞而损坏仪器)。观察温度上升，认真记录温差，找到温度上升最高点(即温差不再变大或开始下降即可停止测量)。

(4)计算出 ΔT_2(即中和反应前后的温差差值，若酸碱混合前进行了温差采零，则 ΔT_2 直接等于温差值)。

【注意事项】

(1)在测量过程中，尽量保持测定条件的一致，如水和酸碱溶液体积的量取、搅拌速度的控制、初始状态的水温等。

(2)实验所用的 1.0 mol·L^{-1} NaOH 和 HCl 溶液需要准确配制，需要进行标定。

(3)实验所求的 $\Delta_r H_m^{\ominus}$ 为 1 mol 反应的中和热，因此当碱的浓度非常准确时，酸可以稍稍过量，以保证碱被完全中和。反之亦然。

(4)在电加热测定温差 ΔT_1 过程中，要经常查看功率是否保持恒定。此外，若温度上升较快，可改为每半分钟记录一次。

(5)在测定中和反应时，当加入酸液后，温度上升很快，要读取温差上升所达到的最高点，若温度一直上升而不下降，应记录上升变缓慢开始时的温度及时间，只有这样才能保证求得的 ΔT_2 的准确性。

五、数据处理

1. 热量常数 K 的计算　将得到的数据代入下式，计算出量热装置的热量常数 $K(J \cdot K^{-1})$。

$$K = \frac{I \times U \times t}{\Delta T_1}$$

式中：K 为量热装置的热容(热量常数)$(J \cdot K^{-1})$；P 为该装置的加热功率(W)；t 为加热时间(s)；ΔT_1 为加热前后的温差(K)。

2. 中和热 $\Delta_r H_m^{\ominus}(kJ \cdot mol^{-1})$的计算

$$\Delta_r H_m^{\ominus} = -\frac{K \Delta T_2 \times 10^{-3}}{n_{H_2O}}$$

式中：ΔT_2 为中和前后的温差(K)；n_{H_2O} 为中和反应生成水的物质的量(mol)。

六、思考题

1. 本实验中，在计算中和热时应以 HCl 的量为准，还是以 NaOH 的量为准?

2. 在测定仪器热容及中和热时，为什么要使最后的混合液的体积与测量热容时的体积相同(都是 500 mL)?

实验七　化学反应速率及活化能的测定

一、实验目的

1. 学习测定$(NH_4)_2S_2O_8$ 与 KI 反应速率的原理和方法，并计算该反应在一定温度下的速率常数、反应级数和反应的活化能。

2. 了解浓度、温度、催化剂对化学反应速率的影响。

二、实验原理

在水溶液中，$(NH_4)_2S_2O_8$（过二硫酸铵）与 KI 发生如下反应：

$$(NH_4)_2S_2O_8 + 3KI = (NH_4)_2SO_4 + K_2SO_4 + KI_3$$

其离子方程式如下：

$$S_2O_8^{2-} + 3I^- = 2SO_4^{2-} + I_3^- \tag{1}$$

此反应的速率方程可表示如下：

$$v = \frac{-dc(S_2O_8^{2-})}{dt} = kc^m(S_2O_8^{2-})c^n(I^-)$$

式中：$dc(S_2O_8^{2-})$ 为 $S_2O_8^{2-}$ 在 dt 时间内浓度的改变量（$mol \cdot L^{-1}$）；$c(S_2O_8^{2-})$ 为 $S_2O_8^{2-}$ 的起始浓度（$mol \cdot L^{-1}$）；$c(I^-)$ 为 I^- 的起始浓度（$mol \cdot L^{-1}$）；v 为该浓度下的瞬时速率（$mol \cdot L^{-1} \cdot s^{-1}$）；$k$ 为速率常数（单位随反应级数不同而异）；m 为 $S_2O_8^{2-}$ 的反应级数；n 为 I^- 的反应级数。

由于实验中无法测得 dt 时间内微观量的变化值 $dc(S_2O_8^{2-})$，故在本实验中以宏观时间的变化"Δt"代替"dt"，以宏观量的变化 $\Delta c(S_2O_8^{2-})$ 代替微观量的变化 $dc(S_2O_8^{2-})$，即以平均速率代替瞬时速率：

$$v = kc^m(S_2O_8^{2-})c^n(I^-) \approx \frac{-\Delta c(S_2O_8^{2-})}{\Delta t} = \bar{v}$$

为了测定 Δt 时间内 $S_2O_8^{2-}$ 的浓度变化，在将 KI 与 $(NH_4)_2S_2O_8$ 溶液混合的同时，加入一定量已知浓度的 $Na_2S_2O_3$ 溶液和作为指示剂的淀粉溶液，这样在反应(1)进行的同时，还进行着如下反应：

$$2S_2O_3^{2-} + I_3^- = S_4O_6^{2-} + 3I^- \tag{2}$$

反应(2)进行的速率非常快，几乎瞬间完成，而反应(1)比反应(2)慢得多，所以由反应(1)生成的 I_3^- 立即与 $S_2O_3^{2-}$ 作用，生成无色的 $S_4O_6^{2-}$ 和 I^-。因此在反应的开始阶段，看不到 I_3^- 与淀粉作用的蓝色。一旦 $Na_2S_2O_3$ 耗尽，反应(1)生成的微量 I_3^- 立即与淀粉作用，使溶液显示蓝色。

$$I_3^- = I_2 + I^-$$

$$I_2 + 淀粉 \longrightarrow 蓝色复合物$$

记录溶液变蓝所用的时间 Δt。Δt 即为 $Na_2S_2O_3$ 反应完全所用时间，由于在 Δt 时间内 $Na_2S_2O_3$ 全部耗尽，所以 $\Delta c(S_2O_3^{2-})$ 实际上就是反应开始时 $S_2O_3^{2-}$ 的浓度。由于本实验中所用 $Na_2S_2O_3$ 的起始浓度都相等，因而每份反应在所记录时间内 $-\Delta c(S_2O_3^{2-})$ 都相等，从反应(1)和反应(2)中的关系可以看出，$S_2O_3^{2-}$ 减少的物质的量是 $S_2O_8^{2-}$ 的两倍，即有如下关系：

$$v = \frac{-\Delta c(S_2O_8^{2-})}{\Delta t} = \frac{-\Delta c(S_2O_3^{2-})}{2\Delta t} = \frac{c(S_2O_3^{2-})}{2\Delta t}$$

在相同温度下，固定 I^- 起始浓度而只改变 $S_2O_8^{2-}$ 的浓度，可分别测出反应所用时间 Δt_1 和 Δt_2，然后分别代入速率方程得

$$v_1 = \frac{-\Delta c(S_2O_8^{2-})}{\Delta t_1} = kc_1^m(S_2O_8^{2-})c_1^n(I^-)$$

$$v_2 = \frac{-\Delta c(S_2O_8^{2-})}{\Delta t_2} = kc_2^m(S_2O_8^{2-})c_2^n(I^-)$$

因为 $c_1(I^-) = c_2(I^-)$，则通过

$$\frac{\Delta t_1}{\Delta t_2} = \left[\frac{c_2(S_2O_8^{2-})}{c_1(S_2O_8^{2-})}\right]^m$$

可求出 m。

同理，保持 $c(S_2O_8^{2-})$ 不变，只改变 I^- 的浓度则可求出 n，$m+n$ 即为该反应级数。由 $k = \dfrac{v}{c^m(S_2O_8^{2-})c^n(I^-)}$ 即可求出速率常数 k。

温度对化学反应速率有明显的影响，若保持其他条件不变，只改变反应温度，由反应所用时间 Δt_1 和 Δt_2，通过如下关系：

$$\frac{v_1}{v_2} = \frac{k_1 c^m(S_2O_8^{2-})c^n(I^-)}{k_2 c^m(S_2O_8^{2-})c^n(I^-)} = \frac{-\Delta c(S_2O_8^{2-})/\Delta t_1}{-\Delta c(S_2O_8^{2-})/\Delta t_2} = \frac{k_1}{k_2}$$

得出 $\dfrac{k_1}{k_2} = \dfrac{\Delta t_2}{\Delta t_1}$，从而得出不同温度下的速度常数 k，然后，根据下式即可求出该反应的活化能（E_a）。

$$\lg\frac{k_2}{k_1} = \frac{E_a}{2.303R}\left(\frac{T_2 - T_1}{T_1 T_2}\right)$$

三、仪器和试剂

1. 仪器　量筒（50 mL、10 mL）、烧杯（100 mL）、秒表、温度计、恒温水浴锅。

2. 试剂　KI（0.2 mol·L^{-1}）、(NH$_4$)$_2$S$_2$O$_8$（0.2 mol·L^{-1}）、H$_2$C$_2$O$_4$（0.05 mol·L^{-1}）、(NH$_4$)$_2$SO$_4$（0.2 mol·L^{-1}）、MnSO$_4$（0.1 mol·L^{-1}）、Na$_2$S$_2$O$_3$（0.01 mol·L^{-1}）、KMnO$_4$（0.01 mol·L^{-1}）、KNO$_3$（0.2 mol·L^{-1}）、H$_2$SO$_4$（3 mol·L^{-1}）、H$_2$O$_2$（3%）、MnO$_2$（固体）、淀粉（0.2%）。

四、实验内容

1. 浓度对化学反应速率的影响及反应级数的测定　在室温下，分别用三只量筒取 20 mL 0.2 mol·L^{-1} KI，2 mL 0.2%淀粉和 8 mL 0.01 mol·L^{-1} Na$_2$S$_2$O$_3$ 溶液（每种试剂所用的量都要贴上标签，以免混乱），倒入 100 mL 烧

杯中，搅匀，然后用另一只量筒取 20 mL 0.2 mol·L⁻¹ $(NH_4)_2S_2O_8$ 溶液，迅速加入该烧杯中，同时按动秒表，并不断用玻璃棒搅拌，待溶液出现蓝色时，立即停表，记下反应的时间和体系温度。

用同样的方法按表 3-4 中所列各种试剂用量进行另外 4 次实验，记下每次实验的反应时间，为了使每次实验中离子强度和总体积不变，不足的量分别用 0.2 mol·L⁻¹ KNO_3 溶液和 0.2 mol·L⁻¹ $(NH_4)_2SO_4$ 溶液补足。

表 3-4　浓度对化学反应速率的影响

实验编号		1	2	3	4	5
反应温度/℃						
试液的体积 V/mL	0.2 mol·L⁻¹$(NH_4)_2S_2O_8$	20.0	10.0	5.0	20.0	20.0
	0.2 mol·L⁻¹KI	20.0	20.0	20.0	10.0	5.0
	0.01 mol·L⁻¹$Na_2S_2O_3$	8.0	8.0	8.0	8.0	8.0
	0.2%淀粉	2.0	2.0	2.0	2.0	2.0
	0.2 mol·L⁻¹KNO_3	0	0	0	10.0	15.0
	0.2 mol·L⁻¹$(NH_4)_2SO_4$	0	10.0	15.0	0	0
反应物的起始浓度 $c/(mol·L^{-1})$	$(NH_4)_2S_2O_8$					
	KI					
反应开始至溶液显蓝色时所需时间 $\Delta t/s$						
反应的平均速率 $\bar{v}/(mol·L^{-1}·s^{-1})$						
反应的速率常数 $k/[k]$						
反应级数		$m=$	$n=$	反应级数$=m+n=$		

注：表中$[k]$表示k的单位。

2. 温度对化学反应速率的影响及活化能的测定　按表 3-4 中实验编号为 4 各试剂的用量，在分别比室温高 10 ℃ 和 20 ℃ 的温度条件下，重复上述实验。操作步骤是，将 KI、淀粉、$Na_2S_2O_3$ 和 KNO_3 溶液放在一只 100 mL 烧杯中混匀，$(NH_4)_2S_2O_8$ 放在另一只烧杯中，将两份溶液放在恒温水浴中升温，待升到所需温度时，将$(NH_4)_2S_2O_8$ 溶液迅速倒入 KI 等混合液中，同时按动秒表并不断搅拌，当溶液刚出现蓝色时，立即停表，记下反应时间和反应温度。将这两次实验编号为 6 和 7 的数据和编号为 4 的数据记录在表 3-5 中，并求出不同温度下反应速率常数 k 和反应的活化能。

表 3 - 5　温度对化学反应速率的影响

实验编号	反应温度 $t/℃$	反应时间 $\Delta t/s$	反应速率 $v/(mol \cdot L^{-1} \cdot s^{-1})$	反应速率常数 $k/[k]$	反应活化能 $E_a/(kJ \cdot mol^{-1})$
4					
6					
7					

3. 催化剂对化学反应速率的影响

(1) 均相催化　取两支试管均加入 $3\ mol \cdot L^{-1}\ H_2SO_4$ 溶液 $1\ mL$ 和 $0.05\ mol \cdot L^{-1}\ H_2C_2O_4$ 溶液 $3\ mL$。在第一支试管中加入 $0.1\ mol \cdot L^{-1}\ MnSO_4$ 溶液(催化剂)$1\ mL$；第二支试管中加入蒸馏水 $1\ mL$。然后在两支试管中迅速加入 $0.01\ mol \cdot L^{-1}\ KMnO_4$ 溶液 3 滴，比较两支试管中紫色褪去的快慢，并说明催化剂对反应速率的影响。

(2) 多相催化　取一支试管，加入 $3\%\ H_2O_2$ 溶液 $1\ mL$，观察是否有气泡产生，然后往试管中加入少量 MnO_2 固体，是否有气泡放出？试证明放出的气体是氧气。

五、思考题

1. 本实验中为什么可以由反应溶液出现蓝色时间的长短来计算反应速率？反应溶液出现蓝色后，反应是否终止？

2. 在实验中，向 KI、淀粉、$Na_2S_2O_3$ 混合液中加入 $(NH_4)_2S_2O_8$ 溶液时，为什么必须迅速倒入？

3. 如果实验中先加 $(NH_4)_2S_2O_8$ 溶液，最后加 KI 溶液，对实验结果有何影响？

4. 本实验中 $Na_2S_2O_3$ 的用量过多或过少，对实验结果有何影响？

5. 根据反应方程式能否直接确定反应级数？为什么？

6. 本实验的设计中如何保证用平均速率代替瞬时速率而不致引入较大误差？

实验八　醋酸解离常数的测定

一、实验目的

1. 学习测定醋酸解离常数的原理和方法。
2. 加深对弱电解质常数等基本概念的理解。

3. 复习巩固移液管、容量瓶的使用，学习酸度计的正确使用方法。

二、实验原理

醋酸(CH_3COOH 或 HAc)是一元弱酸，在水溶液中存在着下列解离反应：

$$HAc \rightleftharpoons H^+ (aq) + Ac^- (aq)$$

其解离常数表达式为

$$K_a^\ominus = \frac{c(H^+)/c^\ominus \cdot c(Ac^-)/c^\ominus}{c(HAc)/c^\ominus} \qquad (1)$$

测定 HAc 解离常数的方法很多，本实验介绍两种方法：pH 法和半中和法。

1. pH 法 设 HAc 的起始浓度为 c，平衡时溶液中 H^+、Ac^- 及 HAc 的浓度用 $c(H^+)$、$c(Ac^-)$ 及 $c(HAc)$ 表示。HAc 水溶液中，忽略水自身解离所提供的 H^+，平衡时溶液中 $c(H^+)=c(Ac^-)$、$c(HAc)=c-c(H^+)\approx c$(为了方便，式中 $c^\ominus$ 省略)，代入式(1)中得

$$K_a^\ominus = \frac{c^2(H^+)}{c} \qquad (2)$$

设 α 表示 HAc 的解离度，则

$$\alpha = \frac{c(H^+)}{c} \qquad (3)$$

配制一系列已知浓度的 HAc 溶液，在一定温度下用酸度计测定其 pH，求出 $c(H^+)$。代入式(2)、式(3)，即可计算 HAc 的解离度及解离常数。

2. 半中和法 将式(1)两边取对数得

$$\lg K_a^\ominus(HAc) = \lg c(H^+) + \lg \frac{c(Ac^-)}{c(HAc)} \qquad (4)$$

用 $NaOH$ 溶液滴定 HAc 溶液时，其反应为

$$OH^- + HAc = Ac^- + H_2O$$

当加入的 $NaOH$ 刚好与一半的 HAc 反应，剩余的 HAc 的浓度恰好等于生成的 Ac^- 的浓度，即 $c(HAc)=c(Ac^-)$，代入式(4)中得

$$\lg K_a^\ominus(HAc) = \lg c(H^+)$$

即

$$pK_a^\ominus = pH$$

因此，只要调节 HAc - $NaAc$ 溶液中 $c(HAc)=c(Ac^-)$，用 pH 计测溶液的 pH，即可求出 HAc 的 $K_a^\ominus$。

三、仪器和试剂

1. 仪器 pH 计、玻璃电极、烧杯(50 mL)、移液管(25 mL、10 mL、

5 mL)、4 只容量瓶(50 mL)。

2. 试剂　NaOH($0.200\ 0\ mol \cdot L^{-1}$)、HAc($0.2\ mol \cdot L^{-1}$)、酚酞指示剂。

3. EL20 型 pH 计的使用

(1)安装仪器　小心开箱取出仪器,将校准证书存放在安全位置,安装支架(图 3-7)。

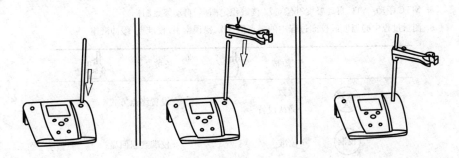

图 3-7　支架安装示意图

① 打开仪器上盖的支架杆插孔盖子,并存放在合适的地方。

② 稍用力将支架杆插入安装孔,并使其牢固地安装于仪表上。

③ 取出电极支架,压下紧固按钮不要松开,将电极支架套在已安装好的支架杆上,调整到合适的高度,松开紧固按钮,电极支架安装完毕。

④ 将电极线正确插入仪器后方插孔中,挂好电极备用。

(2)pH 计操作

① 显示与按键:仪器显示屏如图 3-8 所示,仪器按键功能如图 3-9 所示。

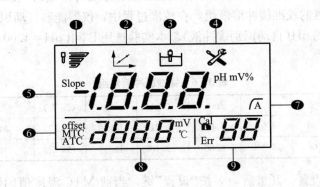

图 3-8　显示屏说明

1. 电极状态

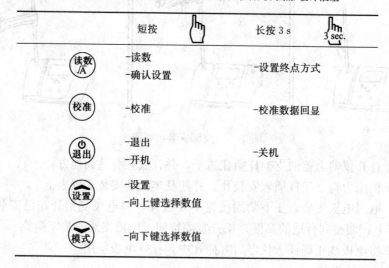

斜率：95%～105%　　斜率：90%～94%　　　斜率：85%～89%

零电位：±(0～15)mV　零电位：±(15～35)mV　零电位：±(>35)mV

电极状态优良　　　　电极状态良好　　　　　电极需要清洁

2. 电极校准图标　3. 电极测量图标　4. 参数设置　5. 电极斜率或 pH/mV 读数

6. MTC 手动/ATC 自动温度补偿　7. 读数稳定图标/自动终点图标

8. 测量过程中的温度或校准过程中的零点值　9. 错误索引/校准点/缓冲液组

	短按 👆	长按 3 s 👆 3 sec.
读数 /A	-读数 -确认设置	-设置终点方式
校准	-校准	-校准数据回显
⏻ 退出	-退出 -开机	-关机
设置	-设置 -向上键选择数值	
模式	-向下键选择数值	

图 3-9　仪器按键

② 校准：

a. 缓冲溶液组。EL20 型 pH 计内置三组标准缓冲溶液组(表 3-6)。如果使用仪器内置的校准缓冲溶液组，在校准过程中，仪器能够自动识别使用的标准缓冲溶液的 pH(自动识别缓冲液)。本实验选用 B3 组 pH＝4.00 的缓冲溶液进行校准。

表 3-6　标准缓冲溶液组

B1	1.68	4.01	7.00	10.01		(25 ℃)	MT US
B2	2.00	4.01	7.00	9.21	11.00	(25 ℃)	MT Europe
B3	1.68	4.00	6.86	9.18	12.46	(25 ℃)	JJG 119 中国

b. 校准设置。开机后，短按"设置"键，当前 MTC 温度值闪烁，选定所需温度，再按"读数"键确定。当前预置缓冲液组闪烁，使用"▲"或"▼"键选择缓冲液 B3，按"读数"键确认选择。

c. 校准。提前用去离子水将电极冲洗，并用滤纸擦干，然后将电极放入缓冲液中，并按"校准"键开始校准，校准和测量图标将同时显示。在信号稳定后，显示屏显示读数，校准结束。按"读数"键后，仪器将自动退回到测量界面。

【注意】校准之后，挂起电极，用去离子水冲洗，并用滤纸擦干备用。每次使用电极后都要重复此过程以确保测量的准确。

(3)样品测量　提前用少量待测溶液冲洗电极，然后将电极放在样品溶液中并按"读数"键开始测量，轻轻转动或摇动小烧杯，使待测溶液均匀接触电极。当电极输出稳定后，显示屏自动固定并显示样品溶液 pH，按住"读数"键，可以在自动和手动测量终点模式之间切换。要手动测量一个终点，可长按"读数"键，显示屏固定并显示。

【注意】当屏幕上出现错误信息时，可根据下表来判断。

Error0	存储器访问出错	恢复出厂设定
Error1	自检失败	在 2 min 内按完 5 个按键，重复自检步骤
Error2	测量值超出范围	检查电极是否正确连接
Error3	测定缓冲液温度超出范围	使缓冲液温度保持在规定范围内
Error4	电极零电位超出范围	确认缓冲液是否有效，电极是否清洁

(4)电极的维护　确保电极始终存放在适当的存储液中。为了获得最大精度，任何附着或凝固在电极外部的填充液均应用蒸馏水及时除去。实验完毕，所有电极都应套上加有电极保护液的电极套，防止干涸。

四、实验内容

1. 标定 HAc 溶液的浓度(可由老师提前标定)　以酚酞为指示剂，用已知准确浓度的 NaOH 溶液标定 HAc 溶液的浓度。

2. pH 法测定 HAc 解离常数 $K_a^{\ominus}$

(1)配制不同浓度的 HAc 溶液　用移液管分别移取 5.00 mL、10.00 mL、25.00 mL 已知浓度的 HAc 溶液于 3 只 50 mL 容量瓶中，用蒸馏水稀释至刻度，摇匀，计算各瓶溶液的浓度。加上未稀释的 HAc 溶液可得到 4 种不同浓度的 HAc 溶液，由稀到浓依次编号为 1、2、3、4。

(2)测定 HAc 溶液的 pH　将以上 4 种不同浓度的 HAc 溶液，分别倒入 4 只干燥的 50 mL 烧杯中，由稀到浓依次用 pH 计测定它们的 pH，记录数据和室温，计算解离度和解离常数 $K_a^{\ominus}$。

五、数据处理

测定时实验室的温度：_____℃

溶液编号	不同浓度 HAc 溶液的配制	$\dfrac{c(\text{HAc})}{\text{mol}\cdot\text{L}^{-1}}$	pH	$\dfrac{c(\text{H}^+)}{\text{mol}\cdot\text{L}^{-1}}$	α	解离常数 $K_a^{\ominus}$	
						测定值	平均值

六、思考题

1. 不同浓度 HAc 溶液的解离度是否相同？解离常数是否相同？
2. 若改变测定 HAc 溶液的温度，解离度和解离常数有何变化？
3. pH 法测 HAc 的 $K_a^{\ominus}$ 时，$c(\text{HAc})$ 是否需要准确？

实验九　氯化铅溶度积的测定

一、实验目的

1. 了解用离子交换法测定难溶电解质溶度积的原理和方法。
2. 练习酸碱滴定的基本操作。

二、实验原理

离子交换树脂是一种能与其他物质进行离子交换的高分子化合物，是不溶性的固态球状物质。含有酸性基团而能与其他物质交换阳离子的树脂叫阳离子交换树脂；含有碱性基团而能与其他物质交换阴离子的树脂叫阴离子交换树脂。

本实验用强酸型阳离子交换树脂，测定氯化铅饱和溶液中的 Pb^{2+} 浓度。每个 Pb^{2+} 和阳离子交换树脂上的两个 H^+ 发生交换，其交换吸附过程如下：

$$2RSO_3H + Pb^{2+} \rightleftharpoons (RSO_3)_2Pb + 2H^+$$

饱和 $PbCl_2$ 溶液经过离子交换柱后的流出液为 HCl 溶液。用已知准确浓度的 NaOH 溶液滴定流出液至终点时，根据用去的 NaOH 标准溶液的体积，可以计算 $PbCl_2(s)$ 的溶解度和溶度积。

$$c(\text{NaOH})V(\text{NaOH}) = c(\text{HCl})V(\text{HCl}) = 2s(\text{PbCl}_2)V(\text{PbCl}_2)$$

$$s(\text{PbCl}_2) = \frac{c(\text{NaOH})V(\text{NaOH})}{2V(\text{PbCl}_2)}$$

$$K_{sp}^{\ominus}(\text{PbCl}_2) = 4s^3(\text{PbCl}_2)$$

市售的阳离子交换树脂往往是钠型（RSO_3Na），使用前需用稀酸将钠型转化为酸型（RSO_3H）。使用过的树脂，可用稀酸淋洗，使树脂重新转化为酸型，这个过程称为再生。

三、仪器和试剂

1. 仪器　离子交换柱、碱式滴定管（50 mL）、移液管（25 mL）、温度计、托盘天平、锥形瓶（250 mL）。

2. 试剂　NaOH 标准溶液（已标定）、HCl（1 mol·L^{-1}）、HNO$_3$（0.1 mol·L^{-1}）、PbCl$_2$（饱和）、溴百里酚蓝（0.1%）、强酸型阳离子交换树脂。

四、实验内容

1. 装柱　将离子交换柱（或用碱式滴定管代替，取出下端胶皮管中的玻璃球，换上螺丝夹）洗净，拧紧螺丝夹，往柱中加少许去离子水，然后将交换柱固定在铁架台上。称取 15～20 g 阳离子交换树脂，放入小烧杯中，用少量去离子水浸泡树脂（最好预先用去离子水浸泡 24～48 h），不断搅拌，倾去上层的水和悬浮的颗粒杂质后，充分调匀，注入交换柱内。如水太多，可打开螺丝夹，让水慢慢流出，直至液面略高于离子交换树脂后，夹紧螺丝夹，如图 3-10 所示。装柱时，离子交换树脂应尽可能填得紧密，不应留有气泡。若出现气泡，可加少量去离子水，使液面高出树脂表面，并用玻璃棒搅动树脂，以便赶走气泡。

图 3-10　阳离子交换柱

2. 转型　向交换柱中加入 20 mL 1 mol·L^{-1} HCl 溶液，以每分钟 40 滴的流速通过交换柱，柱中液面接近树脂表面时，用去离子水淋洗树脂直到流出液呈中性（用 pH 试纸检验）。

3. 饱和氯化铅溶液的配制　在托盘天平上称取 1 g 分析纯 PbCl$_2$ 晶体，溶于 70 mL 经煮沸除去 CO_2 的去离子水中，充分搅拌，冷却至室温后，用干燥的漏斗、滤纸过滤，滤液用干燥的烧杯承接，此滤液即为该温度下 $PbCl_2$ 的饱和溶液。

4. 交换和洗涤　用移液管量取 25.00 mL 饱和 $PbCl_2$ 溶液，放入交换柱中，用 250 mL 锥形瓶承接流出液。待液面接近树脂上表面时，用 50 mL 去离子水分批洗涤树脂，直至流出液 pH 为 6～7 为止。每次洗涤时，都要在液面接近树脂上表面时加去离子水。在交换和洗涤过程中，勿使流出液损失。

5. 滴定　向全部流出液中加入 2～3 滴溴百里酚蓝指示剂，用 NaOH 标准溶液滴定至终点，溶液颜色由黄色转变为蓝色。

五、数据处理

室温 $t=$ _____ ℃

$\dfrac{c(NaOH)}{mol \cdot L^{-1}}$	$\dfrac{V(NaOH)}{mL}$	$\dfrac{V(HCl)}{mL}$	$\dfrac{c(HCl)}{mol \cdot L^{-1}}$	$\dfrac{s(PbCl_2)}{mol \cdot L^{-1}}$	$K_{sp}^{\ominus}(PbCl_2)$

六、附注

(1)离子交换柱的再生：用 20 mL 0.1 mol·L^{-1} HNO_3 溶液(不含 Cl^-)，以每分钟 25～30 滴的流速通过离子交换树脂，然后用去离子水淋洗，直至流出液 pH 为 6～7 时，方可继续使用。

(2)$PbCl_2$ 的溶解度数据参见表 3-7。

表 3-7　$PbCl_2$ 的溶解度

温度 $t/℃$	0	15	25	35
溶解度 $s/(mol \cdot L^{-1})$	2.42×10^{-2}	3.26×10^{-2}	3.74×10^{-2}	4.73×10^{-2}

七、思考题

1. 本实验中测定 $PbCl_2$ 溶度积的原理是什么？

2. 为什么要精确量取 $PbCl_2$ 溶液的体积？

3. 在交换和洗涤过程中用来承接流出液的锥形瓶是否需要干燥？

4. 为什么要将淋洗流出液合并在 $PbCl_2$ 交换流出液的锥形瓶中？

5. 离子交换过程中，为什么要控制液体的流速不宜太快，并应自始至终注意液面不得低于离子交换树脂上表面?

6. 交换柱中树脂颗粒间为什么不允许有气泡存在?

实验十　磺基水杨酸合铁(Ⅲ)配合物的
组成和稳定常数的测定

一、实验目的

1. 了解光度法测定配合物的组成及其稳定常数的原理和方法。
2. 测定 pH<2.5 时磺基水杨酸合铁的组成及其稳定常数。
3. 学习新悦 T6 型分光光度计的构造和使用方法。

二、实验原理

磺基水杨酸（结构式，简式为 H_3R）与 Fe^{3+} 形成稳定的配合物，因

溶液的 pH 不同，形成配合物的组成不同。当溶液的 pH<4 时，形成紫红色的配合物；pH 在 4～10 时生成红色的配合物；pH 在 10 左右时，生成黄色配合物。本实验利用等物质的量系列法测定 pH=2 时所形成的红褐色的磺基水杨酸合铁(Ⅲ)配离子的组成及其稳定常数。

等物质的量系列法就是在保持每份溶液中金属离子的浓度(c_M)与配体的浓度(c_R)之和不变(即总的物质的量不变)的前提下，改变这两种溶液的相对量，配制一系列溶液并测定每份溶液的吸光度。若以不同的物质的量比 $\dfrac{n_M}{n_M+n_R}$ 与对应的吸光度 A 作图可得物质的量比-吸光度曲线(图 3-11)，曲线上与吸光度极大值相对应的物质的量比就是该有色配合物中金属离子与配体的组成之比。

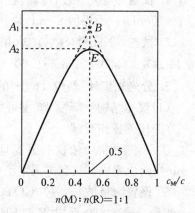

图 3-11　物质的量比-吸光度曲线

图 3-11 表示一个典型的低稳定性的配合物 MR 的物质的量比-吸光度曲

线，将两边直线部分延长相交于 B 点，B 点位于 0.5 处，即金属离子与配体的物质的量比为 1∶1。

从图 3-11 可见，当完全以 MR 形式存在时，在 B 点 MR 的浓度最大，对应的吸光度为 A_1，但由于配合物一部分解离，实验测得的最大吸光度对应于 E 点的 A_2。

若配合物的解离度为 α，则

$$\alpha = \frac{A_1 - A_2}{A_1}$$

1∶1 型配合物的稳定常数可由下列平衡关系导出：

$$M \quad + \quad R = MR$$

起始浓度   0   0 c

平衡浓度 αc αc $c(1-\alpha)$

$$K^{\ominus} = \frac{[MR]}{[M] \cdot [R]} = \frac{1-\alpha}{c\alpha^2}$$

式中：c 是溶液内 MR 的起始浓度，即当 $\dfrac{n(M)}{n(M)+n(R)} = 0.5$ 时，其值相当于溶液中金属离子或配位体的起始浓度的一半。

三、仪器和试剂

1. 仪器 分光光度计（新悦 T6 型）、比色管、容量瓶（50 mL，2 个）、吸量管（10 mL）、干燥的 25 mL 烧杯（11 个）等。

2. 试剂 $NH_4Fe(SO_4)_2$（0.010 0 mol·L^{-1}）、磺基水杨酸（0.010 0 mol·L^{-1}）、浓 H_2SO_4、NaOH（6 mol·L^{-1}）。

3. 分光光度计（新悦 T6 型）的使用

(1)仪器结构 新悦 T6 型可见分光光度计的主机外形见图 3-12。

(2)仪器操作步骤

① 开机自检：依次打开打印机、仪器主机电源，仪器开始初始化，约 3 min初始化完成，仪器进入主菜单界面（图 3-13）。

② 设置测量波长：按"GOTO"键，设置所测量的波长，例如需要在 680 nm 测量，输入 680 后按"ENTER"键确认。

③ 设置样品池个数：按"SHIFT/RETURN"键，进入设置界面，根据使用比色皿个数按"▼"键将循环确定使用样品池个数。如使用 2 个比色皿，循环按"▼"键设置为 2（表示只使用了 1 号、2 号样品池）。

④ 自动校零：样品池设置完成后，按"SHIFT/RETURN"键返回测量界

面。在 1 号样品池放入空白溶液，按"ZERO"键进行空白校正。

　　⑤ 测量样品：自动校零完成后，在 2 号样品池中放入样品，按"START"键，进行测量。如仪器自动记录测量结果，屏幕只显示一个样品的吸光度值，调整波长。

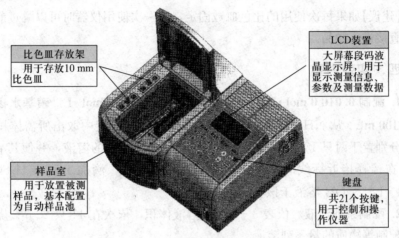

图 3-12　新悦 T6 型可见分光光度计的主机正面图

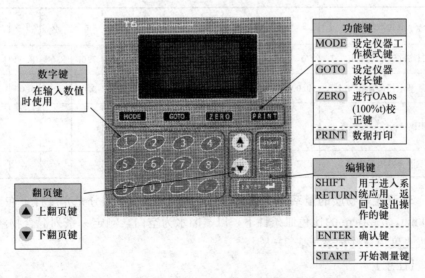

图 3-13　T6 新悦可见分光光度计的操作键盘功能图

【注意】

（1）更换波长后必须重新放入空白溶液，按"ZERO"键进行空白校正。如果上次测量数据没有打印，按"START"键进行测量会出现提示，此时按

"▼"键改变为 P - NO,表示不打印上次测量数据(如果按"▼"键改变为 P - YES,表示打印),按"ENTER"键开始继续测量。

(2)按"ENTER"键后将清除上次测量数据,建议选择打印,以免数据丢失。

【建议】如果每次使用的比色皿数固定,下一次使用仪器时可以跳过前三个步骤直接进入样品。

四、实验内容

1. 配制 0.010 0 mol·L⁻¹ NH₄Fe(SO₄)₂ 和 0.010 0 mol·L⁻¹ 磺基水杨酸溶液各 100 mL 从 $NH_4Fe(SO_4)_2$ 和磺基水杨酸的储备液中取出所需体积的溶液,分别置于两只 100 mL 容量瓶中,配制成所需浓度的溶液,并使其 pH 均为 2(在稀释接近标线时,查其 pH,若 pH 偏离 2,滴加 1 滴浓 H_2SO_4 或 6 mol·L⁻¹NaOH 溶液于该容量瓶中即可)。

2. 配制系列溶液 依表 3 - 8 所示溶液体积,依次在 11 只 25 mL 烧杯中混合配制等物质的量系列溶液。

表 3 - 8　配制系列溶液

混合液编号	1	2	3	4	5	6	7	8	9	10	11
$NH_4Fe(SO_4)_2$ 体积/mL	0	1.00	2.00	3.00	4.00	5.00	6.00	7.00	8.00	9.00	10.00
磺基水杨酸体积/mL	10.00	9.00	8.00	7.00	6.00	5.00	4.00	3.00	2.00	1.00	0
体积比 $=\dfrac{V(Fe^{3+})}{V(Fe^{3+})+V(R)}$											
混合液吸光度 A											

3. 测定等物质的量系列溶液的吸光度 用新悦 T6 型分光光度计,在 $\lambda=500$ nm,$b=1$ cm 的比色皿条件下,以蒸馏水为空白,测定一系列混合物溶液的吸光度 A,并记录于表 3 - 8 中。

【注意】

(1)本实验是测定 pH=2 时磺基水杨酸与 Fe^{3+} 形成的配合物的组成和稳定常数,应注意控制溶液的 pH 为 2。

(2)$NH_4Fe(SO_4)_2$ 溶液体积和磺基水杨酸溶液体积必须准确量取,否则影响实验结果。

五、思考题

(1)若入射光不是单色光,能否准确测出配合物的组成与稳定常数?

(2)用等物质的量系列法测定配合物组成时,为什么溶液中金属离子的物质的量与配位体的物质的量之比正好与配合物组成相同时,配合物的浓度最大?

(3)在本实验中,为何能用体积比$\left[\dfrac{V(Fe^{3+})}{V(Fe^{3+})+V(R)}\right]$代替物质的量比为横坐标作图?

实验十一　沉淀溶解平衡

一、实验目的

1. 掌握沉淀溶解平衡原理和溶度积规则的运用。
2. 加深对沉淀的生成、溶解、分步沉淀和沉淀转化的基本原理的理解。
3. 了解沉淀法分离混合离子。

二、实验原理

1. 沉淀的生成与溶解　在难溶电解质的饱和溶液中,未溶解的固体与溶解后形成的离子间存在着多相离子平衡。如在 PbI_2 的饱和溶液中,存在下列平衡:

$$PbI_2 \rightleftharpoons Pb^{2+} + 2I^-$$

其标准平衡常数 $K_{sp}^{\ominus}(PbI_2)$ 叫作 PbI_2 的溶度积常数,可表示为

$$K_{sp}^{\ominus}(PbI_2) = [c(Pb^{2+})/c^{\ominus}] \cdot [c(I^-)/c^{\ominus}]^2 \quad \text{(饱和溶液)}$$

当溶液中离子浓度是任意状态时,则用 Q 表示其离子积,表达式为

$$Q = [c(Pb^{2+})/c^{\ominus}] \cdot [c(I^-)/c^{\ominus}]^2 \quad \text{(任意态)}$$

可通过比较离子积和溶度积的大小判断沉淀的生成和溶解,即溶度积规则。

$Q < K_{sp}^{\ominus}$　无沉淀生成或沉淀溶解

$Q = K_{sp}^{\ominus}$　饱和溶液,达平衡

$Q > K_{sp}^{\ominus}$　有沉淀生成

由溶度积规则知:若要产生某一难溶电解质的沉淀,就需设法增大某种离子的浓度,使其 Q 大于 $K_{sp}^{\ominus}$;反之,要使沉淀溶解,就要设法降低某种离子的浓度,使其 $Q < K_{sp}^{\ominus}$。

在难溶电解质饱和溶液中,加入含有相同离子的易溶强电解质时,会降低难溶电解质的溶解度,会有沉淀析出。

2. 分步沉淀 如果溶液中含有多种离子均能与所加入的某种沉淀剂生成难溶电解质，当逐滴加入沉淀剂时，哪种物质最先达到 $Q > K_{sp}^{\ominus}$，其离子先生成沉淀；哪种物质后达到 $Q > K_{sp}^{\ominus}$，其离子后生成沉淀。这种先后沉淀的现象称为分步沉淀。分步沉淀的次序：需沉淀剂浓度较小的难溶电解质先析出沉淀，需沉淀剂浓度较大的难溶电解质后析出沉淀。

3. 沉淀的转化 若在一种难溶电解质中加入一种沉淀剂，该沉淀剂可与难溶物中的离子生成另一种更难溶的电解质$[Q > K_{sp}^{\ominus}(新)]$，而导致原难溶物的离子浓度减小，使 $Q < K_{sp}^{\ominus}(原)$，原难溶物将溶解，生成新的难溶电解质，这就是沉淀转化。沉淀转化的方向为，溶解度较大的难溶电解质转化为溶解度较小的难溶电解质。

三、仪器和试剂

1. 仪器 试管、离心试管、量筒、离心机、烧杯。

2. 试剂 $Pb(NO_3)_2$（$0.1\ mol \cdot L^{-1}$、$0.001\ mol \cdot L^{-1}$）、KI（$0.1\ mol \cdot L^{-1}$、$0.001\ mol \cdot L^{-1}$）、$MgCl_2$（$0.1\ mol \cdot L^{-1}$）、$NH_3 \cdot H_2O$（$2\ mol \cdot L^{-1}$、$6\ mol \cdot L^{-1}$）、NH_4Cl（$3\ mol \cdot L^{-1}$）、HCl（$1\ mol \cdot L^{-1}$、$6\ mol \cdot L^{-1}$）、$AgNO_3$（$0.1\ mol \cdot L^{-1}$）、NaCl（$0.1\ mol \cdot L^{-1}$）、$CuSO_4$（$0.1\ mol \cdot L^{-1}$）、Na_2S（$0.1\ mol \cdot L^{-1}$）、HNO_3（$6\ mol \cdot L^{-1}$）、Na_2CO_3（$0.1\ mol \cdot L^{-1}$）、K_2CrO_4（$0.1\ mol \cdot L^{-1}$）、Na_2SO_4（$0.1\ mol \cdot L^{-1}$）、$BaCl_2$（$0.1\ mol \cdot L^{-1}$）、HAc（$2\ mol \cdot L^{-1}$）、$Fe(NO_3)_3$（$0.1\ mol \cdot L^{-1}$）、$Al(NO_3)_3$（$0.1\ mol \cdot L^{-1}$）、NaOH（$2\ mol \cdot L^{-1}$）。

四、实验内容

1. 沉淀的生成

（1）在一支试管中加 5 滴 $0.001\ mol \cdot L^{-1}$ $Pb(NO_3)_2$ 溶液，再加 5 滴 $0.001\ mol \cdot L^{-1}$ 的 KI 溶液，观察有无沉淀产生，解释现象。

（2）在一支离心试管中加 5 滴 $0.1\ mol \cdot L^{-1}$ $Pb(NO_3)_2$ 溶液，再加 5 滴 $0.1\ mol \cdot L^{-1}$ 的 KI 溶液，观察有无沉淀产生。若有沉淀，离心分离，取上层清液加入 3 滴 $0.1\ mol \cdot L^{-1}$ KI 溶液，有何现象？解释原因，写出离子方程式。

2. 沉淀的溶解

（1）在两支试管中各加入 10 滴 $0.1\ mol \cdot L^{-1}$ $MgCl_2$ 溶液，再逐滴加入 $2\ mol \cdot L^{-1}$ 氨水，观察现象；然后往其中一支试管中加入 $3\ mol \cdot L^{-1}$ NH_4Cl 溶液，观察现象；往另一支试管中加入 $1\ mol \cdot L^{-1}$ HCl，观察现象。写出离子反应方程式。

（2）在一支试管中加 5 滴 $0.1\ mol \cdot L^{-1}$ $AgNO_3$ 溶液，再加入 5 滴

$0.1\ mol \cdot L^{-1}$ 的 NaCl 溶液，观察沉淀生成；然后逐滴加入 $6\ mol \cdot L^{-1}\ NH_3 \cdot H_2O$ 溶液，有何现象？解释原因。

(3)在一支离心试管中加 5 滴 $0.1\ mol \cdot L^{-1}\ CuSO_4$ 溶液，再加 5 滴 $0.1\ mol \cdot L^{-1}\ Na_2S$ 溶液，观察沉淀生成。离心分离后弃掉上层清液，在沉淀上加 $6\ mol \cdot L^{-1}\ HNO_3$ 5 滴，水浴加热，有何现象？写出离子方程式。

(4)在三支小试管中分别加入 10 滴 $0.1\ mol \cdot L^{-1}\ Na_2CO_3$，$0.1\ mol \cdot L^{-1}$ K_2CrO_4 和 $0.1\ mol \cdot L^{-1}\ Na_2SO_4$ 溶液，再各加 10 滴 $0.1\ mol \cdot L^{-1}\ BaCl_2$ 溶液。分别试验这三种沉淀在 $2\ mol \cdot L^{-1}\ HAc$，$1\ mol \cdot L^{-1}\ HCl$ 和 $6\ mol \cdot L^{-1}\ HCl$ 中的溶解情况。试解释为什么这三种难溶盐的溶度积相差不大，而在酸中的溶解情况却差别如此大。

3. 分步沉淀　在试管中加入 2 滴 $0.1\ mol \cdot L^{-1}\ Na_2S$ 溶液和 5 滴 $0.1\ mol \cdot L^{-1}$ K_2CrO_4 溶液，用水稀释至 5 mL，然后加入 1～2 滴 $0.1\ mol \cdot L^{-1}\ Pb(NO_3)_2$ 溶液，不断振荡试管，观察沉淀的颜色，是何种沉淀？静置一会儿后继续滴加 $Pb(NO_3)_2$ 溶液，不要振荡，又有何种沉淀生成？解释现象，写出离子反应方程式，能够得出什么结论？

4. 沉淀的转化　在离心试管中加 5 滴 $0.1\ mol \cdot L^{-1}\ Pb(NO_3)_2$ 溶液，再加 5 滴 $0.1\ mol \cdot L^{-1}\ Na_2SO_4$，振荡离心试管，离心分离。弃掉上层清液，在沉淀上滴加 $0.1\ mol \cdot L^{-1}\ K_2CrO_4$ 溶液数滴，并用玻璃棒搅拌振荡，观察沉淀颜色变化。按上述操作再于沉淀上加数滴 $0.1\ mol \cdot L^{-1}\ Na_2S$ 溶液，沉淀颜色又如何变化？解释现象，写出离子反应方程式，由实验得出什么结论？

5. 沉淀法分离混合离子　在试管中加入 $0.1\ mol \cdot L^{-1}\ AgNO_3$、$0.1\ mol \cdot L^{-1}$ $Fe(NO_3)_3$ 和 $0.1\ mol \cdot L^{-1}\ Al(NO_3)_3$ 溶液各 3 滴。向该混合溶液中加入几滴 $1.0\ mol \cdot L^{-1}\ HCl$溶液，有什么沉淀析出？离心分离后，在上层清液中再加入 1 滴 $1.0\ mol \cdot L^{-1}\ HCl$ 溶液，若无沉淀析出，表示能形成难溶氯化物的离子已经沉淀完全。离心分离，将清液转移到另一试管中。在清液中加入过量的 $2.0\ mol \cdot L^{-1}\ NaOH$ 溶液，搅拌并加热后，有什么沉淀析出？离心分离后，在清液中加入 1 滴 $2.0\ mol \cdot L^{-1}\ NaOH$ 溶液，若无沉淀生成，表示能形成难溶氢氧化物的离子已沉淀完全。将清液转移到另一试管中。此时三种离子已经分开。写出分离过程示意图。

五、思考题

1. 在分步沉淀中溶度积小的难溶电解质一定先析出吗？

2. Ag_2CrO_4 沉淀中加入 NaCl 溶液，将会产生什么现象？

3. 离心分离操作中应注意什么问题？

实验十二　氧化还原反应

一、实验目的

1. 熟悉一些常见氧化剂、还原剂的反应。
2. 掌握影响氧化还原反应的因素。
3. 掌握氧化还原反应与电极电势的关系。
4. 了解原电池的组成、工作原理并学会电动势的粗略测定。

二、实验原理

1. 电极电势与氧化还原反应　电极电势的数值是电化学中最重要的数据，一个电对电极电势数值较大，说明电对对应的氧化态物质是较强的氧化剂，对应的还原态物质是较弱的还原剂；相反，如果一个电对电极电势数值较小，说明电对对应的氧化态物质是较弱的氧化剂，对应的还原态物质是较强的还原剂。利用电极电势的数值还可以判断氧化还原反应的方向和程度。根据热力学原理，$\Delta_r G_m < 0$ 反应自发进行，$\Delta_r G_m > 0$ 反应逆向自发进行，对于氧化还原反应：

$$\Delta_r G_m = -nF\varepsilon = -nF(\varphi_+ - \varphi_-)$$

可见，$\varphi_+ > \varphi_-$，反应正向进行；

$\varphi_+ < \varphi_-$，反应逆向进行；

$\varphi_+ = \varphi_-$，反应达平衡。

$$\varphi = \varphi^\ominus + \frac{RT}{nF}\ln\frac{c(氧化态)/c^\ominus}{c(还原态)/c^\ominus}$$

可见，φ 与温度、浓度及酸度有关，通常反应在常温（25 ℃）下进行，则

$$\varphi = \varphi^\ominus + \frac{0.059}{n}\lg\frac{c(氧化态)/c^\ominus}{c(还原态)/c^\ominus}$$

一般来说，氧化剂对应电对的标准电极电势与还原剂对应电对的标准电极电势值相差较大时，可直接用 $\varphi^\ominus$ 值判断氧化还原反应的方向；如果两电对的标准电极电势值相差较小，则应考虑浓度、酸度对电极电势的影响。

对于同一氧化还原反应，同时满足 $\Delta_r G_m^\ominus = -nF\varepsilon^\ominus$ 和 $\Delta_r G_m^\ominus = -RT\ln K^\ominus$，所以 $\Delta_r G_m^\ominus = -nF\varepsilon^\ominus = -nF(\varphi_+^\ominus - \varphi_-^\ominus) = -RT\ln K^\ominus$，则有

$$\lg K^\ominus = \frac{n(\varphi_+^\ominus - \varphi_-^\ominus)}{0.059}$$

因此，知道 $\varphi_+^\ominus$ 和 $\varphi_-^\ominus$ 即可求出标准平衡常数 $K^\ominus$，可估计氧化还原反应的程度。

2. 介质对氧化还原反应的影响　有 H^+ 或 OH^- 参加电极反应的电对，其电极电势受酸度影响很大。例如 MnO_4^-/Mn^{2+} 电极反应为

$$MnO_4^- + 8H^+ + 5e = Mn^{2+} + 4H_2O$$

$$\varphi = \varphi^{\ominus} + \frac{0.059}{5}\lg\frac{\left[c(MnO_4^-)/c^{\ominus}\right]\cdot\left[c(H^+)/c^{\ominus}\right]^8}{c(Mn^{2+})/c^{\ominus}}$$

由上式可知，酸度变化将导致 φ 值发生较大变化。

介质不同，使溶液中 $c(H^+)$ 不同，因此导致很多电对的电极电势数值发生变化，从而影响氧化还原方向。同时很多元素在水中的存在形式与介质有关，介质不同，存在形式也不同，因此介质还影响氧化还原反应的产物，如 $KMnO_4$ 与 Na_2SO_3 在不同介质条件下的反应：

酸性介质中：$\varphi_A^{\ominus}(MnO_4^-/Mn^{2+})=1.51\ V$

$\qquad 2MnO_4^- + 5SO_3^{2-} + 6H^+ = 2Mn^{2+}（浅肉色）+ 5SO_4^{2-} + 3H_2O$

中性介质中：$\varphi_A^{\ominus}(MnO_4^-/MnO_2)=1.68\ V$

$\qquad 2MnO_4^- + 3SO_3^{2-} + H_2O = 2MnO_2\downarrow（棕色）+ 3SO_4^{2-} + 2OH^-$

强碱性介质中：$\varphi_B^{\ominus}(MnO_4^-/MnO_4^{2-})=0.56\ V$

$\qquad 2MnO_4^- + SO_3^{2-} + 2OH^- = 2MnO_4^{2-}（深绿色）+ SO_4^{2-} + H_2O$

由此可见，$KMnO_4$ 在不同介质中均可做氧化剂，但氧化能力不同，被还原后的产物也不同。

3. 中间价态化合物的氧化、还原性　中间价态的化合物既可得电子表现其氧化性，又可失电子表现其还原性。例如，H_2O_2 常用作氧化剂，被还原成 H_2O。

$$H_2O_2 + 2H^+ + 2e = 2H_2O \qquad \varphi^{\ominus}=1.77\ V$$

但遇到强氧化剂（如 $KMnO_4$）时，它作还原剂被氧化，放出氧气。

$$H_2O_2 - 2e = 2H^+ + O_2 \qquad \varphi^{\ominus}=0.682\ V$$

4. 原电池　利用氧化还原反应产生电流使化学能转变为电能的装置称为原电池。原电池分正负两极，负极发生氧化反应，正极发生还原反应。电极电势小的电对构成原电池的负极，电极电势大的电对构成原电池的正极。在外电路中接上伏特计，可观察到有电流产生并可测得原电池两端的外电压。

三、仪器和试剂

1. 仪器　试管、烧杯、伏特计（$0\sim3\ V$）、连有导线的铜片和锌片、盐桥。

2. 试剂　$FeCl_3(0.1\ mol\cdot L^{-1})$、$SnCl_2(0.1\ mol\cdot L^{-1})$、$H_2O_2(3\%)$、$KMnO_4$（$0.01\ mol\cdot L^{-1}$）、$H_2SO_4(1\ mol\cdot L^{-1})$、$KI(0.1\ mol\cdot L^{-1})$、$Na_2SO_3(0.1\ mol\cdot L^{-1})$、

KBr($0.1 \text{ mol} \cdot \text{L}^{-1}$)、溴水、FeSO$_4$($0.1 \text{ mol} \cdot \text{L}^{-1}$)、NaOH($6 \text{ mol} \cdot \text{L}^{-1}$)、KBrO$_3$($0.1 \text{ mol} \cdot \text{L}^{-1}$)、ZnSO$_4$($0.1 \text{ mol} \cdot \text{L}^{-1}$)、CuSO$_4$($0.1 \text{ mol} \cdot \text{L}^{-1}$)、NH$_3 \cdot$ H$_2$O(浓)、CCl$_4$。

四、实验内容

1. 常见的氧化剂和还原剂的反应

(1)Fe^{3+} 的氧化性与 Fe^{2+} 的还原性　在试管中加入 5 滴 $0.1 \text{ mol} \cdot \text{L}^{-1}$ FeCl$_3$ 溶液，再逐滴加入 $0.1 \text{ mol} \cdot \text{L}^{-1}$ SnCl$_2$，边滴边摇动试管，直到溶液黄色褪去。发生了什么变化？

向上面的无色溶液中加 4~5 滴 3% H$_2$O$_2$，观察溶液颜色的变化。写出离子反应方程式。

(2)I$^-$ 的还原性与 I$_2$ 的氧化性　在试管中加入 2 滴 $0.01 \text{ mol} \cdot \text{L}^{-1}$ KMnO$_4$ 溶液，再加 1 滴 $1 \text{ mol} \cdot \text{L}^{-1}$ H$_2$SO$_4$，摇匀，然后逐滴加入 $0.1 \text{ mol} \cdot \text{L}^{-1}$ KI 溶液直到溶液变成黄色。产物是什么？可加 5 滴 CCl$_4$ 观察。

再在上面的溶液中滴入 $0.1 \text{ mol} \cdot \text{L}^{-1}$ Na$_2$SO$_3$ 溶液，至黄色褪去。

(3)H$_2$O$_2$ 的氧化性和还原性

①氧化性：在试管中加 10 滴 3% H$_2$O$_2$ 和 2 滴 $1 \text{ mol} \cdot \text{L}^{-1}$ H$_2$SO$_4$ 溶液，再加入 10 滴 $0.1 \text{ mol} \cdot \text{L}^{-1}$ KI 溶液，观察颜色变化。然后加入 10 滴 CCl$_4$ 振荡，观察 CCl$_4$ 层的颜色，解释之。

②还原性：在试管中加入 2 滴 $0.01 \text{ mol} \cdot \text{L}^{-1}$ KMnO$_4$ 溶液和 1 滴 $1 \text{ mol} \cdot \text{L}^{-1}$ H$_2$SO$_4$ 溶液摇匀，然后逐滴加入 3% H$_2$O$_2$ 至紫色消失。有气泡放出吗？为什么？写出离子反应方程式。

2. 电极电势与氧化还原反应的关系

(1)将 10 滴 $0.1 \text{ mol} \cdot \text{L}^{-1}$ KI 溶液与 5 滴 $0.1 \text{ mol} \cdot \text{L}^{-1}$ FeCl$_3$ 溶液在试管中混匀，再加入 10 滴 CCl$_4$，振荡后观察 CCl$_4$ 的颜色。

用 $0.1 \text{ mol} \cdot \text{L}^{-1}$ KBr 代替 $0.1 \text{ mol} \cdot \text{L}^{-1}$ KI 溶液，进行同样的实验观察现象。

(2) 向试管中加入 5 滴溴水及 5 滴 $0.1 \text{ mol} \cdot \text{L}^{-1}$ FeSO$_4$ 溶液，混匀后加入 10 滴 CCl$_4$，振荡后观察 CCl$_4$ 层的颜色。

根据以上实验结果，定性比较 Br$_2$/Br$^-$、I$_2$/I$^-$、Fe^{3+}/Fe^{2+} 三个电对标准电极电势的高低，说明电极电势与氧化还原反应方向的关系。

3. 酸碱性对氧化还原反应的影响

(1)取三支试管分别加入 2 滴 $0.01 \text{ mol} \cdot \text{L}^{-1}$ KMnO$_4$ 溶液，在第一支试管中加入 1 滴 $1 \text{ mol} \cdot \text{L}^{-1}$ H$_2$SO$_4$ 溶液，在第二支试管中加 5 滴蒸馏水，在第三支试管中加入 1 滴 $6 \text{ mol} \cdot \text{L}^{-1}$ NaOH 溶液，然后往三支试管中各加入 4~5 滴

$0.1\ mol \cdot L^{-1}\ Na_2SO_3$ 溶液，摇匀观察各试管有何变化。写出离子方程式。

(2)在两支试管中各加入 $0.1\ mol \cdot L^{-1}\ KBrO_3$ 5 滴，在其中一支试管中加入 2 滴 $1\ mol \cdot L^{-1}\ H_2SO_4$ 酸化，另一支试管不加，然后各加入 10 滴 $0.1\ mol \cdot L^{-1}$ KI 溶液，振荡并观察现象。写出离子方程式。

4. 原电池　取两只 50 mL 的小烧杯，一只烧杯中加入 20 mL $0.1\ mol \cdot L^{-1}$ 的 $ZnSO_4$ 溶液，另一只烧杯中加入 20 mL $0.1\ mol \cdot L^{-1}$ 的 $CuSO_4$ 溶液，分别在两烧杯中插入连有导线的锌片和铜片。用盐桥将两烧杯的溶液连通，将两电极与伏特计相连，观察伏特计指针的偏转。装置如图 3-14 所示。

写出上述电池符号、电极反应及原电池反应。

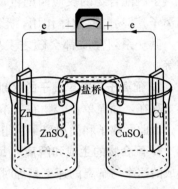

图 3-14　锌-铜原电池

5. 浓度对电极电势及电动势的影响　上述 Zn-Cu 原电池，在盛有 $CuSO_4$ 溶液的烧杯中加入浓 $NH_3 \cdot H_2O$ 搅拌至沉淀溶解出现深蓝色溶液 $[Cu(NH_3)_4]SO_4$，观察伏特计指针的变化，解释原因。该现象的反应方程式为

$$Cu^{2+} + 2NH_3 \cdot H_2O = Cu(OH)_2 \downarrow + 2NH_4^+$$
$$Cu(OH)_2 + 4NH_3 = [Cu(NH_3)_4]^{2+} + 2OH^-$$

再在锌电极的烧杯中加入浓 $NH_3 \cdot H_2O$，搅拌至沉淀溶解，观察伏特计指针的变化，解释现象。该现象的反应方程式为

$$Zn^{2+} + 2NH_3 \cdot H_2O = Zn(OH)_2 \downarrow + 2NH_4^+$$
$$Zn(OH)_2 + 4NH_3 = [Zn(NH_3)_4]^{2+} + 2OH^-$$

五、思考题

1. 氧化还原反应进行的方向由什么判断？
2. 通过本次实验请归纳出哪些因素影响电极电势，如何影响。
3. 实验室如何配制 $SnCl_2$ 和 $FeSO_4$ 溶液？

实验十三　配位平衡

一、实验目的

1. 了解配合物的生成及组成。
2. 比较配离子和简单离子的区别。

3. 了解影响配位平衡移动的因素。

4. 了解配合物的一些用途。

二、实验原理

生成配合物的反应叫配位反应。大多数金属离子(特别是过渡元素的金属离子)都易与配位体作用,形成相应的配离子。一种金属离子形成配合物后,其一系列性质都会随之发生变化。例如氧化性、还原性、颜色及溶解度等。

1. 配离子与简单离子的区别　配合物在水中主要以配离子即复杂离子的形式存在,而简单化合物在水溶液中,主要以简单离子或水合离子的形式存在。因此配离子和简单离子从组成、结构、性质上均不相同。

2. 配合物的生成和解离　每种配离子在形成的同时,又会发生解离,当形成的速率与解离的速率相等时达到配位平衡。

例如:
$$Ag^+ + 2NH_3 \underset{解离}{\overset{配位}{\rightleftharpoons}} [Ag(NH_3)_2]^+$$

其平衡常数:
$$K_f^{\ominus} = \frac{c[Ag(NH_3)_2^+]/c^{\ominus}}{[c(Ag^+)/c^{\ominus}] \cdot [c(NH_3)/c^{\ominus}]^2}$$

$K_f^{\ominus}$ 称为配合物的稳定常数,不同的配离子具有不同的 $K_f^{\ominus}$ 值。对于相同类型的配离子,如 $[Zn(NH_3)_4]^{2+}$、$[Cu(NH_3)_4]^{2+}$、$[Zn(OH)_4]^{2-}$,$K_f^{\ominus}$ 值越大表示配离子越稳定。反之,$K_f^{\ominus}$ 值越小其配离子稳定性越差。

3. 配位平衡的移动　根据平衡移动原理,改变中心离子或配位体的浓度会使配位平衡发生移动。改变中心离子或配位体的浓度的方法有:①加入沉淀剂,使其与中心离子生成沉淀;②加入氧化剂或还原剂,使其与中心离子(或配位体)发生氧化还原反应;③通过加入 H^+ 或 OH^- 改变溶液的酸度,使配位体或中心离子的存在形式发生变化;④可加入另一种配位体使其与中心离子形成更稳定的配合物。

4. 配合物的一些用途

(1)鉴定金属离子　由于金属离子可与配位体或配离子生成具有特征颜色的物质,因此可鉴定金属离子是否存在。如 Ni^{2+}、Fe^{3+}、Fe^{2+}、Co^{2+} 等的鉴定。

Fe^{3+} 的溶液中加入 NH_4SCN 后,溶液变为血红色:
$$Fe^{3+} + 3SCN^- = Fe(NCS)_3(血红色)$$

Ni^{2+} 在氨性介质中加入丁二酮肟,出现鲜红色沉淀:

丁二酮肟　　　　　　　　二(丁二酮肟)合镍(Ⅱ)

Cu^{2+} 加黄血盐 $K_4[Fe(CN)_6]$，产生红棕色沉淀：

$$2Cu^{2+} + [Fe(CN)_6]^{4-} = Cu_2[Fe(CN)_6]\downarrow$$

Fe^{2+} 与邻二氮菲在中性或强酸性溶液中反应生成稳定的橘红色螯合物：

$$Fe^{2+} + 3 \quad = \quad \left[\right]_3^{2+} \quad 橘红色$$

（2）做掩蔽剂　对某样品中的某种金属离子做定量分析或定性离子鉴定时，经常因其他离子的存在而干扰实验，此时，可加入一种配位体与其他金属离子反应，消除对某离子的干扰。加入的这种配位体叫掩蔽剂。例如，在 Fe^{3+} 与 Co^{2+} 共存时鉴定 Co^{2+}，其反应如下：

$$Co^{2+} + 4SCN^- = [Co(NCS)_4]^{2-}（宝石蓝）$$

可见，Fe^{3+} 的存在干扰 Co^{2+} 的鉴定，只要加入 NaF 即可消除干扰：

$$Fe^{3+} + 6F^- = [FeF_6]^{3-}（无色）$$

因为生成的 $[FeF_6]^{3-}$ 是无色的，对反应无影响，此时 NaF 就是一种掩蔽剂。

三、仪器和试剂

1. 仪器　试管、离心试管、离心机。

2. 试剂　$AgNO_3$（$0.1\ mol \cdot L^{-1}$）、NaCl（$0.1\ mol \cdot L^{-1}$）、$NH_3 \cdot H_2O$（$2\ mol \cdot L^{-1}$、$6\ mol \cdot L^{-1}$）、KBr（$0.1\ mol \cdot L^{-1}$）、$Na_2S_2O_3$（$1\ mol \cdot L^{-1}$、固体）、KI（$0.1\ mol \cdot L^{-1}$）、$CuSO_4$（$0.1\ mol \cdot L^{-1}$）、HNO_3（$6\ mol \cdot L^{-1}$）、$FeCl_3$（$0.1\ mol \cdot L^{-1}$）、NH_4SCN（$0.1\ mol \cdot L^{-1}$、固体）、$(NH_4)_2C_2O_4$（固体）、$CoCl_2$（$0.1\ mol \cdot L^{-1}$）、NaF（$0.1\ mol \cdot L^{-1}$）、EDTA（$0.1\ mol \cdot L^{-1}$）、$FeSO_4$（0.1

$mol \cdot L^{-1}$)、邻二氮菲(0.25%)、$NiSO_4$($0.1\ mol \cdot L^{-1}$)、丁二酮肟(1%)、$K_4[Fe(CN)_6]$($0.1\ mol \cdot L^{-1}$)、$SnCl_2$($0.1\ mol \cdot L^{-1}$)、乙醇、CCl_4。

四、实验内容

1. 配位平衡与沉淀溶解平衡　在试管中加入 2 滴 $0.1\ mol \cdot L^{-1}\ AgNO_3$ 溶液，然后依次进行下列实验：

(1)加 1 滴 $0.1\ mol \cdot L^{-1}\ NaCl$ 溶液。

(2)逐滴加入 $6\ mol \cdot L^{-1}\ NH_3$ 溶液，边滴边振荡至沉淀刚好溶解为止。

(3)向溶液中滴加 $0.1\ mol \cdot L^{-1}\ KBr$ 溶液至刚生成沉淀为止。离心分离，弃掉上层清液。

(4)在沉淀上加入 $1\ mol \cdot L^{-1}\ Na_2S_2O_3$，边滴边振荡至沉淀刚好溶解为止。

(5)在溶液中滴入 $0.1\ mol \cdot L^{-1}\ KI$ 溶液至刚生成沉淀。

(6)加入少量 $Na_2S_2O_3$ 固体，振荡试管，观察现象。

由以上实验可知，沉淀平衡与配位平衡相互影响，写出各步反应的离子方程式；比较 $AgCl$、$AgBr$、AgI 的 $K_{sp}^{\ominus}$ 的大小，比较 $[Ag(NH_3)_2]^+$ 和 $[Ag(S_2O_3)_2]^{3-}$ 的 $K_f^{\ominus}$ 的大小。

2. 配位平衡与酸碱平衡　在一试管中加入 5 滴 $0.1\ mol \cdot L^{-1}\ CuSO_4$ 溶液，然后逐滴加入 $2\ mol \cdot L^{-1}\ NH_3 \cdot H_2O$，边加边振荡，至沉淀完全溶解为止；再向溶液中逐滴加入 $6\ mol \cdot L^{-1}\ HNO_3$ 溶液，观察现象，写出离子方程式。

3. 配位平衡与氧化还原反应

(1)在一试管中加入 5 滴 $0.1\ mol \cdot L^{-1}\ FeCl_3$ 溶液和 2 滴 $0.1\ mol \cdot L^{-1}\ NH_4SCN$ 溶液，观察现象；然后逐滴加入 $0.1\ mol \cdot L^{-1}\ SnCl_2$ 溶液，又有何变化？

(2)在一试管中加入 10 滴 $0.1\ mol \cdot L^{-1}\ FeCl_3$ 溶液和 10 滴 $0.1\ mol \cdot L^{-1}\ KI$ 溶液，振荡试管，再加入 10 滴 CCl_4，振荡后观察 CCl_4 层的颜色；然后再向试管中加入少量固体$(NH_4)_2C_2O_4$，振荡试管，观察溶液颜色变化。解释现象，写出有关的离子方程式。

(3)在一试管中加入 10 滴 $0.1\ mol \cdot L^{-1}\ CoCl_2$ 溶液，再逐滴加入 $6\ mol \cdot L^{-1}$ $NH_3 \cdot H_2O$，边加边振荡，观察颜色变化；放置一会儿，再观察现象。解释现象，写出有关的离子方程式。

4. 配位平衡与配位平衡

(1)在一支试管中加入 5 滴 $0.1\ mol \cdot L^{-1}\ FeCl_3$ 溶液和 1 滴 $0.1\ mol \cdot L^{-1}$ NH_4SCN 溶液，有何现象？再向溶液中加入 $0.1\ mol \cdot L^{-1}\ NaF$ 溶液，边滴边振荡至完全褪色为止，再加入少量固体$(NH_4)_2C_2O_4$，观察溶液又有什么变化。解释以上所观察的现象，写出有关的离子方程式。

(2)在一支试管中加入 5 滴 $0.1\ mol \cdot L^{-1}$ $CuSO_4$ 溶液，然后逐滴加入 $2\ mol \cdot L^{-1}$ $NH_3 \cdot H_2O$ 溶液至沉淀溶解，观察溶液颜色；再向溶液中逐滴加入 $0.1\ mol \cdot L^{-1}$ EDTA 溶液，观察溶液颜色变化，并加以解释。

5. 配合物的应用

(1)Fe^{2+} 的鉴定　在一支试管中加入 3 滴 $0.1\ mol \cdot L^{-1}$ $FeSO_4$，再加 5 滴 0.25％邻二氮菲溶液，观察现象。

(2)Ni^{2+} 的鉴定　在一支试管中加入 3 滴 $0.1\ mol \cdot L^{-1}$ 的 $NiSO_4$ 溶液，再加 5 滴 $2\ mol \cdot L^{-1}$ $NH_3 \cdot H_2O$，然后加入 5 滴 1％丁二酮肟，出现什么现象？

(3)Cu^{2+} 的鉴定　在一支试管中加入 5 滴 $0.1\ mol \cdot L^{-1}$ $CuSO_4$ 溶液，再加 5 滴 $K_4[Fe(CN)_6]$ 溶液，观察现象，写出离子方程式。

(4)配位体做掩蔽剂（Fe^{3+} 存在时 Co^{2+} 的鉴定）　取两支试管同时加入浓度均为 $0.1\ mol \cdot L^{-1}$ 的 Fe^{3+} 1 滴、Co^{2+} 5 滴混匀，在一支试管中加入 1 滴 $0.1\ mol \cdot L^{-1}$ NH_4SCN 溶液，有何现象？解释原因；在另一支试管中先加入 15 滴 $0.1\ mol \cdot L^{-1}$ NaF 溶液和 1 mL 乙醇，振荡，再加少量固体 NH_4SCN，观察溶液颜色，解释现象。

五、思考题

1. 总结本实验所观察到的现象，说明有哪些因素影响配位平衡。

2. Fe^{3+} 存在鉴定 Co^{2+} 时，为什么加入 NaF 溶液，其作用是什么？能否用 EDTA 代替 NaF？

实验十四　吸附与胶体

一、实验目的

1. 了解胶体溶液的制备、保护和破坏的方法，验证胶体溶液的性质。
2. 加深理解固体在溶液中的吸附作用。

二、实验原理

胶体溶液（溶胶）是一种高度分散的多相体系，要制备比较稳定的胶体溶液，原则上有两种方法：一种是凝聚法，即将真溶液通过改换介质或化学反应等方法来制取溶胶；另一种是分散法，即将大颗粒在一定条件下分散为胶粒，形成溶胶。

溶胶具有三大特性：丁达尔效应、布朗运动和电泳，其中常用丁达尔效应来区别溶胶与真溶液。

胶粒所带的电荷及溶剂化膜是溶胶暂时稳定的原因，若溶胶中加入少量电解质或胶粒带异电荷的溶胶或加热，都能破坏胶团的双电层结构及溶剂化膜结构，导致溶胶的聚沉。电解质使溶胶聚沉的能力，取决于与胶粒所带电荷相反的离子电荷数，电荷数越大，聚沉能力越强。

三、仪器和试剂

1. 仪器 试管、小烧杯、U形电泳仪、直流稳压电源、观察丁达尔效应的装置。

2. 试剂 $FeCl_3(2\%)$、$BaCl_2(0.01\ mol \cdot L^{-1})$、$(NH_4)_2C_2O_4(0.5\ mol \cdot L^{-1})$、$NH_4Ac(1\ mol \cdot L^{-1})$、$AlCl_3(0.01\ mol \cdot L^{-1})$、酒石酸锑钾$(0.5\%)$、品红溶液、明胶$(0.5\%)$、土壤样品、$NaCl(0.5\ mol \cdot L^{-1}、2\ mol \cdot L^{-1})$、$KNO_3(0.1\ mol \cdot L^{-1})$、$K_2SO_4(0.01\ mol \cdot L^{-1})$、$K_3[Fe(CN)_6](0.01\ mol \cdot L^{-1})$、$K_4[Fe(CN)_6]$ $(0.02\ mol \cdot L^{-1})$、$HAc(6\ mol \cdot L^{-1})$、$NaOH(6\ mol \cdot L^{-1})$、硫的乙醇饱和溶液、活性炭、饱和 H_2S 溶液、镁试剂。

四、实验内容

(一)胶体的制备

1. 凝聚法

(1)改变溶剂法制硫溶胶 在盛有 4 mL 蒸馏水的试管中，逐滴加入硫的乙醇饱和溶液 4 滴，边加边振荡，观察所得硫溶胶的颜色。

(2)利用水解反应制备 $Fe(OH)_3$ 溶胶 取 25 mL 蒸馏水于小烧杯中，加热煮沸，逐滴加入 4 mL 2% $FeCl_3$ 溶液，并不断搅拌，继续煮沸 $1\sim2\ min$，观察体系的颜色变化。

(3)利用复分解反应制备 Sb_2S_3 溶胶 取 25 mL 0.5%酒石酸锑钾溶液于小烧杯中，逐滴加入新配制的饱和 H_2S 溶液，并不断搅拌，直至溶液变为橙红色为止。

2. 分散法 取 3 mL 2% $FeCl_3$ 溶液注入试管中，加入 1 mL 0.02 mol·L^{-1} $K_4[Fe(CN)_6]$溶液，用滤纸过滤，并以少量的水洗涤沉淀，滤液即为普鲁士蓝溶胶。

(二)溶胶的性质

1. 溶胶的光学性质——丁达尔效应 取前面所制溶胶分别装入小试管中，放入观察丁达尔效应的装置中，观察丁达尔效应(图3-15)，解释所观察到的现象。

2. 溶胶的电学性质——电泳(演示) 取一个 U 形电泳仪，将 $6\sim7$ mL 蒸馏水由中间漏斗注入 U 形管中,滴加 4 滴 $0.1\ mol\cdot L^{-1}\ KNO_3$ 溶液,然后缓缓地注入前面所得的 $Fe(OH)_3$ 溶胶,电压调至 $30\sim40\ V$(图 3-16)。同法实验 Sb_2S_3 溶胶的电泳现象,电压调至 110 V。20 min 后,观察现象,并解释之,写出 $Fe(OH)_3$ 溶胶和 Sb_2S_3 溶胶的胶团结构式。

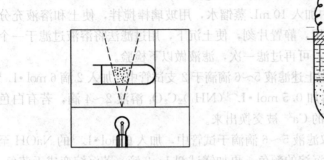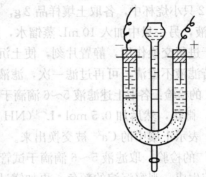

图 3-15　观察丁达尔效应的装置　　　　图 3-16　简单的电泳装置

(三)溶胶的聚沉及其保护

1. 电解质对溶胶的聚沉作用

(1)取 3 支试管,各加入 2 mL Sb_2S_3 溶胶,在 3 支试管中,分别滴加 $0.01\ mol\cdot L^{-1}\ AlCl_3$、$0.01\ mol\cdot L^{-1}\ BaCl_2$ 和 $0.5\ mol\cdot L^{-1}\ NaCl$,边加边振荡,直至出现聚沉现象为止,记下各电解质所需的滴数,并解释溶胶开始聚沉所需电解质溶液的量与电解质中离子电荷的关系。

(2)在 3 支试管中,各加入 2 mL $Fe(OH)_3$ 溶胶,分别滴加 $0.01\ mol\cdot L^{-1}$ $K_3[Fe(CN)_6]$、$0.01\ mol\cdot L^{-1}\ K_2SO_4$ 和 $2\ mol\cdot L^{-1}\ NaCl$,边加边振荡,直至出现聚沉现象为止,记下各种电解质所需的滴数,比较三种电解质的聚沉能力。

2. 加热对溶胶的聚沉作用　取 Sb_2S_3 溶胶 2 mL 于试管中,加热至沸,观察颜色有何变化,静置冷却,观察有何现象,并加以解释。

3. 异电荷溶胶的相互聚沉　将 1 mL $Fe(OH)_3$ 溶胶和 1 mL Sb_2S_3 溶胶混合,振荡试管,观察现象,并加以解释。

4. 高分子溶液对溶胶的保护作用

(1)取 2 支试管,各加入 2 mL $Fe(OH)_3$ 溶胶和 2 滴 0.5% 的明胶,振荡试管,然后分别滴加 $0.01\ mol\cdot L^{-1}$ 的 $K_3[Fe(CN)_6]$ 和 K_2SO_4 溶液,观察聚沉时所需电解质的量,与实验步骤(三)1.(2)实验进行比较,并加以解释。

(2)取 2 支试管,各加入 Sb_2S_3 溶胶及 0.5% 明胶溶液 2 滴,振荡试管,然后分别滴加 $0.01\ mol\cdot L^{-1}$ 的 $AlCl_3$、$BaCl_2$ 溶液,直至出现沉淀现象为止,记下各电解质所需的滴数,与实验步骤(三)1.(1)实验相比较,并加以解释。

(四)固体在溶液中的吸附作用

(1)取 1 支试管，滴入 10 滴蒸馏水，再滴加 1～2 滴品红溶液，此时溶液呈红色，加入少许活性炭，振荡 1～2 min 后，过滤，观察溶液是否还有颜色，解释所观察到的现象。

(2)在 2 只小烧杯中，各取土壤样品 2 g，一只烧杯中加入 10 mL 1 mol·L^{-1} NH_4Ac 溶液，另一只中加入 10 mL 蒸馏水，用玻璃棒搅拌，使土和溶液充分混合，便于进行交换作用，静置片刻，使土沉下，用过滤法将溶液过滤于一个试管中，若滤液不澄清，可再过滤一次，滤液做以下检验。

①Ca^{2+} 的检验：各取上述滤液 5～6 滴滴于 2 支试管中，加入 2 滴 6 mol·L^{-1} HAc 酸化，微热，然后加 0.5 mol·L^{-1} $(NH_4)_2C_2O_4$ 溶液 2～4 滴，若有白色沉淀产生，表示土壤中的 Ca^{2+} 被交换出来。

②Mg^{2+} 的检验：取滤液 5～6 滴滴于试管中，加入 6 mol·L^{-1} 的 NaOH 至溶液有沉淀生成，观察沉淀的颜色，再加镁试剂 1～2 滴，若沉淀变成天蓝色，表示镁离子被交换出来，试比较两个实验的现象，并解释之。

五、思考题

1. 用 $FeCl_3$ 溶液制备 $Fe(OH)_3$ 溶胶时，为什么要加热？

2. 溶胶稳定存在的原因是什么？

3. 怎样使溶胶聚沉？不同电解质对不同溶胶的聚沉作用有何不同？

4. 溶胶产生光学、电学性质的原因是什么？

实验十五 农业中常见离子的鉴定

一、实验目的

掌握农业中常见离子的鉴定方法。

二、实验原理

农业中常见离子的鉴定反应均具有明显的特征，如颜色的变化、沉淀的生成或溶解、气体的生成等。

Cl^- 的鉴定：Cl^- 与 Ag^+ 反应可生成白色凝乳状沉淀，沉淀难溶于 HNO_3，可溶于 $NH_3·H_2O$，形成配离子，溶液再用 HNO_3 酸化后，重新生成白色凝乳状沉淀。

$$Ag^+ + Cl^- = AgCl\downarrow（白）$$
$$AgCl + 2NH_3·H_2O = [Ag(NH_3)_2]^+ + Cl^- + 2H_2O$$

$$[Ag(NH_3)_2]^+ + Cl^- + 2H^+ = AgCl\downarrow（白）+ 2NH_4^+$$

I^- 的鉴定：I^- 可被新鲜的氯水氧化为紫色的 I_2，加入 CCl_4，振荡后 CCl_4 层显紫色。

$$2KI + Cl_2 = 2KCl + I_2$$

S^{2-} 的鉴定：S^{2-} 与 Pb^{2+} 反应生成黑色 PbS 沉淀。

$$Pb^{2+} + S^{2-} = PbS\downarrow（黑）$$

SO_4^{2-} 的鉴定：SO_4^{2-} 与 Ba^{2+} 反应生成白色 $BaSO_4$ 沉淀，该沉淀难溶于 HCl 和 HNO_3 中。

$$Ba^{2+} + SO_4^{2-} = BaSO_4\downarrow（白）$$

NO_3^- 的鉴定：NO_3^- 在浓 H_2SO_4 存在下与 Fe^{2+} 反应生成 NO，NO 遇到 Fe^{2+} 形成棕色环，即配离子 $[Fe(NO)(H_2O)_5]^{2+}$。

$$NO_3^- + 3Fe^{2+} + 4H^+ = 3Fe^{3+} + NO + 2H_2O$$
$$[Fe(H_2O)_6]^{2+} + NO = [Fe(NO)(H_2O)_5]^{2+} + H_2O$$

若溶液中存在 NO_3^-、Fe^{3+}、CrO_4^{2-}、MnO_4^- 也会出现同样的现象，干扰测定。

NO_2^- 的鉴定：NO_2^- 在 HAc 溶液中会与氨基苯磺酸、α-萘胺反应生成红色偶氮染料。

$S_2O_3^{2-}$ 的鉴定：$S_2O_3^{2-}$ 与过量的 $AgNO_3$ 反应，开始生成白色的 $Ag_2S_2O_3$ 沉淀，之后迅速变黄、变棕、变黑。

$$2Ag^+ + S_2O_3^{2-} = Ag_2S_2O_3\downarrow（白）$$
$$Ag_2S_2O_3 + H_2O = H_2SO_4 + Ag_2S\downarrow（黑）$$

PO_4^{3-} 的鉴定：PO_4^{3-} 在 HNO_3 溶液中能与钼酸铵试剂作用，生成磷钼酸铵的黄色晶状沉淀。该沉淀可溶于碱和氨水中，因此溶液必须保持酸性。当溶液中有还原剂存在时，可使六价钼还原为"钼蓝"（低价钼的混合物），使溶液呈现蓝色。

$$PO_4^{3-} + 3NH_4^+ + 12MoO_4^{2-} + 24H^+ = (NH_4)_3PO_4 \cdot 12MoO_3 \cdot 6H_2O + 6H_2O$$

硼酸的鉴定：硼酸在浓硫酸存在条件下与乙醇反应生成硼酸三乙酸。

$$H_3BO_3 + 3C_2H_5OH \underset{\text{浓 } H_2SO_4}{\rightleftharpoons} B(OC_2H_5)_3 + 3H_2O$$

碱金属和碱土金属的鉴定：焰色反应。如：钠呈黄色、钾呈紫色、钙呈橙色、锶呈深红色、钡呈黄绿色。

K^+ 的鉴定：K^+ 与钴亚硝酸钠（$Na_3[Co(NO_2)_6]$）反应生成黄色沉淀，该沉淀不溶于 HAc。此反应不能在强酸、强碱中进行，因为该条件下试剂会发生分解。

$$2K^+ + Na_3[Co(NO_2)_6] = K_2Na[Co(NO_2)_6]\downarrow(黄) + 2Na^+$$

Na^+ 的鉴定：Na^+ 与醋酸铀酰锌试剂$[UO_2(Ac)_2 + Zn(Ac)_2 + HAc]$反应生成淡黄色晶状沉淀。此反应需在中性或醋酸溶液中进行，且所加试剂需过量。

$$Na^+ + Zn^{2+} + 3UO_2^{2+} + 8Ac^- + HAc + 9H_2O = NaZn(UO_2)_3(Ac)_9 \cdot 9H_2O + H^+$$

NH_4^+ 的鉴定：NH_4^+ 与奈斯勒试剂$(K_2[HgI_4]$的碱性溶液$)$作用生成红棕色的碘化氧汞胺沉淀。

Ca^{2+} 的鉴定：Ca^{2+} 与草酸盐在中性或微酸性溶液中反应生成难溶于水的白色草酸钙沉淀。

$$Ca^{2+} + C_2O_4^{2-} = CaC_2O_4\downarrow(白)$$

Fe^{2+} 的鉴定：Fe^{2+} 与铁氰化钾（赤血盐）反应生成蓝色沉淀（滕氏蓝）。此沉淀不溶于强酸，但可以被强碱分解生成氢氧化物。

$$3Fe^{2+} + 2[Fe(CN)_6]^{3-} = Fe_3[Fe(CN)_6]_2\downarrow(滕氏蓝)$$

Fe^{2+} 与邻二氮菲在中性或强酸性溶液中反应生成橘红色螯合物。

橘红色

Fe^{3+} 的鉴定：Fe^{3+} 与 SCN^- 反应生成可溶于水的血红色 $Fe(SCN)_n^{3-n}(n = 1\sim6)$。

$$Fe^{3+} + nSCN^- = [Fe(SCN)_n]^{3-n}(n = 1\sim6)$$

Fe^{3+} 与亚铁氰化钾（黄血盐）反应生成蓝色沉淀（普鲁士蓝）。此沉淀不溶于强酸，但可以被强碱分解生成氢氧化物。

$$4Fe^{3+} + 3[Fe(CN)_6]^{4-} = Fe_4[Fe(CN)_6]_3\downarrow(普鲁士蓝)$$

Mn^{2+} 的鉴定：Mn^{2+} 在硝酸中可被 $NaBiO_3$ 氧化为紫红色 MnO_4^-。

$$2Mn^{2+} + 5NaBiO_3 + 14H^+ = 2MnO_4^- + 5Bi^{3+} + 5Na^+ + 7H_2O$$

三、仪器和试剂

1. 仪器 酒精灯、试管、试管夹、试管架、洗瓶、点滴板（白色）、蓝色钴玻璃片、离心机、水浴、蒸发皿、表面皿、离心试管等。

2. 试剂 $0.1\ mol \cdot L^{-1}$ 的 Cl^-、I^-、NO_3^-、NO_2^-、SO_4^{2-}、$S_2O_3^{2-}$、S^{2-}、PO_4^{3-}、K^+、Na^+、Ca^{2+}、Sr^{2+}、Ba^{2+}、NH_4SCN、$AgNO_3$、$K_4[Fe(CN)_6]$、$K_3[Fe(CN)_6]$溶液，$2\ mol \cdot L^{-1}$ 的 HNO_3、HCl、H_2SO_4、HAc、$NaOH$、NH_4F溶液，$6\ mol \cdot L^{-1}$ 的 HNO_3、HCl、HAc、$NaOH$、$NH_3 \cdot H_2O$ 溶液，

浓盐酸，浓硫酸，无水乙醇，CCl_4，饱和$(NH_4)_2C_2O_4$，饱和$(NH_4)_2CO_3$，氯水，$FeSO_4$（固体），$NaBiO_3$（固体），$HBiO_3$（固体），5% $Na_3[Co(NO_2)_6]$，$(NH_4)_2MoO_4$ 试剂，奈斯勒试剂，0.5%邻二氮菲，对氨基苯磺酸，α-萘胺，醋酸铀酰锌，铁屑，$Pb(Ac)_2$ 试纸，pH 试纸，石蕊试纸。

四、实验内容

1. Cl^- 的鉴定　取 2 滴含 Cl^- 试剂于离心试管中，加入 1 滴 2 mol·L^{-1} 的 HNO_3，再加入 2 滴 $AgNO_3$，观察沉淀的颜色和形状。离心分离溶液，将上清液弃去，在沉淀中加入 6 mol·L^{-1} 的 $NH_3·H_2O$ 数滴，观察沉淀的溶解，然后加入 6 mol·L^{-1} 的 HNO_3 酸化，又有白色沉淀析出，证明有 Cl^- 存在。

2. I^- 的鉴定　取 2 滴 I^- 和 5～6 滴 CCl_4 于试管中，然后逐滴加入氨水，边加边振荡，若 CCl_4 层出现紫色，表明有 I^- 存在。（若加入过量的氨水，紫色又褪去，因为生成 IO_3^-）

3. S^{2-} 的鉴定　取 3 滴 S^{2-} 试液于试管中，加入 6 mol·L^{-1} 的 HCl 酸化，在试管口盖上湿润的 $Pb(Ac)_2$ 试纸，置于水浴上加热，若 $Pb(Ac)_2$ 试纸变黑，表明有 S^{2-} 存在。

4. SO_4^{2-} 的鉴定　取 5 滴 SO_4^{2-} 试液于试管中，加入 6 mol·L^{-1} 的 HCl 和 2 滴 Ba^{2+} 试液，若有白色沉淀，且不溶于 HNO_3，表明有 SO_4^{2-} 存在。

5. NO_3^- 的鉴定　取 1 滴 NO_3^- 试液于白色的点滴板上，在溶液的中央放入 $FeSO_4$ 晶体一小粒，然后在晶体上加 1 滴浓 H_2SO_4，若晶体周围有棕色环出现，表明有 NO_3^- 存在。

6. NO_2^- 的鉴定　取 2～3 滴 NO_2^- 试液于白色的点滴板上，加入 1～2 滴 2 mol·L^{-1} 的 HAc 酸化，再加入 1～2 滴对氨基苯磺酸、1～2 滴 α-萘胺，立即出现玫瑰红色，表明有 NO_2^- 存在。

7. $S_2O_3^{2-}$ 的鉴定　取 3 滴 $S_2O_3^{2-}$ 试液于试管中，加入 3 滴 $AgNO_3$ 试液，振荡生成白色 $Ag_2S_2O_3$ 沉淀，并迅速变黄→棕→黑，表明有 $S_2O_3^{2-}$ 存在。

8. PO_4^{3-} 的鉴定　取 3 滴 PO_4^{3-} 试液于试管中，加入 5 滴 6 mol·L^{-1} 的 HNO_3 及 8～10 滴 $(NH_4)_2MoO_4$ 试剂，水浴加热（40～50 ℃），若有黄色沉淀，表明有 PO_4^{3-} 存在。

9. 硼酸的鉴定　取少量硼酸晶体放入蒸发皿中，加入 95%乙醇和几滴浓硫酸，混匀后点燃，观察硼酸三乙酯蒸发燃烧时产生的特征绿色火焰，此现象表明有硼酸存在。

10. 焰色反应　将镶有铂丝（或镍铬丝）的玻璃棒浸入浓 HCl 中，然后在酒精灯的氧化焰中灼烧片刻，再浸入浓 HCl 中灼烧，反复几次直到火焰不再呈现任何颜色，再用此铂丝分别蘸取 K^+、Na^+、Ca^{2+}、Sr^{2+}、Ba^{2+}，观察它们的焰色反应。（鉴定 K^+ 时需通过蓝色钴玻璃观察火焰颜色）

11. K^+ 的鉴定 取 5 滴 K^+ 试液于试管中，加入 3 滴新配制的钴亚硝酸钠试液，放置片刻，有黄色沉淀析出，表明有 K^+ 存在。（NH_4^+ 存在时有干扰）

12. Na^+ 的鉴定 取 3 滴 Na^+ 试液于试管中，加入 2 滴 $6\ mol \cdot L^{-1}$ 的 HAc 酸化，再加入 8 滴醋酸铀酰锌试剂，用玻璃棒摩擦试管壁，放置数分钟，若出现淡黄色的晶状沉淀，表明有 Na^+ 存在。

13. NH_4^+ 的鉴定

(1)在干燥的表面皿中心滴入 3 滴 NH_4^+ 试液，然后滴加 3 滴 $2\ mol \cdot L^{-1}$ NaOH，之后迅速将另一个小的表面皿盖上(该表面皿中心黏附有一条湿润的红色石蕊试纸)，将此气室放在水浴上微热，若红色石蕊试纸变蓝，表明有 NH_4^+ 存在。

(2)取 2 滴 NH_4^+ 试液放到白色点滴板上，加入 2 滴奈斯勒试剂，生成红棕色沉淀，表明有 NH_4^+ 存在。

14. Ca^{2+} 的鉴定 取 12 滴 Ca^{2+} 试液于试管中，加入 12 滴饱和 $(NH_4)_2C_2O_4$ 溶液，若试液呈强酸性，用 $6\ mol \cdot L^{-1}$ 的 $NH_3 \cdot H_2O$ 中和到微碱性，然后水浴加热，有白色沉淀生成后，再加入 $3 \sim 4$ 滴 $6\ mol \cdot L^{-1}$ 的 HAc，继续加热至沸腾，若白色沉淀不溶解，表明有 Ca^{2+} 存在。

15. Fe^{2+} 的鉴定

(1)在白色的点滴板上滴加 1 滴 Fe^{2+}，加入 $2\ mol \cdot L^{-1}$ 的 HCl 和 $K_3[Fe(CN)_6]$ 试液各 1 滴，立即生成蓝色沉淀，表明有 Fe^{2+} 存在。

(2)在白色的点滴板上滴加 1 滴 Fe^{2+}，加入 0.5% 邻二氮菲 1 滴，有橘红色出现，表明有 Fe^{2+} 存在。

16. Fe^{3+} 的鉴定

(1)在白色的点滴板上滴加 1 滴 Fe^{3+}，加入 1 滴 $0.1\ mol \cdot L^{-1}$ 的 NH_4SCN 试液，立即生成血红色，再加入 $2\ mol \cdot L^{-1}$ 的 NH_4F 溶液数滴，血红色消失，表明有 Fe^{3+} 存在。

(2)在白色的点滴板上滴加 1 滴 Fe^{3+}，加入 $2\ mol \cdot L^{-1}$ 的 HCl 和 $K_4[Fe(CN)_6]$ 试液各 1 滴，立即生成蓝色沉淀，表明有 Fe^{3+} 存在。

17. Mn^{2+} 的鉴定 取 5 滴 Mn^{2+} 试液于离心试管中，加入 5 滴 $6\ mol \cdot L^{-1}$ 的 HNO_3，然后加入少量固体 $NaBiO_3$，振荡，固体沉降后，上层清液呈紫红色，表明有 Mn^{2+} 存在。

五、思考题

1. 某试液已知存在有 SO_4^{2-}、Cl^-、NO_3^-，则下列离子哪些不可能共存？

$$NH_4^+、Ba^{2+}、Pb^{2+}、Mn^{2+}、Fe^{2+}、Fe^{3+}和Ag^+$$

2. 用 $AgNO_3$ 试剂鉴定 $S_2O_3^{2-}$ 时，为什么要在中性溶液中进行？

实验十六　Co(Ⅲ)配合物的制备及其组成的确定

一、实验目的

1. 掌握制备金属配合物最常用的方法——水溶液中的取代反应和氧化反应，了解其基本原理和方法。

2. 掌握对配合物 $[Co(NH_3)_6]Cl_3$ 组成进行初步判断。

二、实验原理

运用水溶液中的取代反应来制取金属配合物，是在水溶液中的一种金属盐和一种配体之间的反应。实际上是用适当的配体来取代水合物配离子中的水分子。氧化还原反应是将不同氧化态的金属化合物，在配体存在下使其适当地氧化或还原以制得该金属配合物。

Co(Ⅱ)的配合物能很快地进行取代反应(是活性的)，而 Co(Ⅲ)配合物的取代反应则很慢(是惰性的)。Co(Ⅲ)的配合物制备过程一般是，通过 Co(Ⅱ)(实际上是它的水合配合物)和配体之间的一种快速反应生成 Co(Ⅱ)的配合物，然后使它被氧化成为相应的 Co(Ⅲ)配合物(配位数均为 6)。

常见的 Co(Ⅲ)配合物有：

$[Co(NH_3)_6]^{3+}$（黄色）、$[Co(NH_3)_5H_2O]^{3+}$（粉红色）、$[Co(NH_3)_5Cl]^{2+}$（紫红色）、$[Co(NH_3)_4CO_3]^+$（紫红色）、$[Co(NH_3)_3(NO_2)_3]$（黄色）、$[Co(CN)_6]^{3-}$（紫色）、$[Co(NO_2)_6]^{3-}$（黄色）等

发生的化学反应有：

$$[Co(H_2O)_6]Cl_2+6NH_3=[Co(NH_3)_6]Cl_2+6H_2O(棕色)$$

$$4[Co(NH_3)_6]Cl_2+4NH_4Cl+O_2\xrightarrow{活性炭}4[Co(NH_3)_6]Cl_3+4NH_3+2H_2O$$

或

$$2[Co(H_2O)_6]Cl_2+2NH_4Cl+8NH_3+H_2O_2=2[Co(NH_3)_5(H_2O)]Cl_3(橙黄色)+12H_2O$$

$$[Co(NH_3)_5(H_2O)]Cl_3\xrightarrow{浓HCl}[Co(NH_3)_5Cl]Cl_2(紫红色)+H_2O$$

用化学分析方法确定某配合物的组成，通常先确定配合物的外界，然后将配离子破坏再来看其内界。配离子的稳定性受很多因素影响，通常可用加热或改变溶液酸碱性来破坏它。本实验是初步推断，一般用定性、半定量甚至估量

的分析方法判断配合物的化学式。游离的 Co^{2+} 在酸性溶液中可与硫氰化钾浓溶液或固体生成蓝色溶液，并加入戊醇和乙醚以提高其稳定性。由此可用来鉴定 Co^{2+} 的存在。其反应如下：

$$Co^{2+} + 4SCN^- = [Co(NCS)_4]^{2-}（蓝色）$$

游离的 NH_4^+ 可由奈斯勒试剂 HgI_4^{2-} 来鉴定，其反应如下：

$$NH_4^+ + 2[HgI_4]^{2-} + 4OH^- = \left[O \underset{Hg}{\overset{Hg}{\diagup\diagdown}} NH_2 \right] I\downarrow + 3H_2O + 7I^-$$

红棕色

三、仪器和试剂

1. 仪器　托盘天平、烧杯、锥形瓶、量筒、研钵、漏斗、铁架台、酒精灯、试管、滴管、药勺、试管夹、漏斗架、石棉网、温度计。

2. 试剂　NH_4Cl(固体)、$CoCl_2$(粉末)、KSCN(固体)、$NH_3 \cdot H_2O$(浓)、HNO_3(浓)、HCl($6\ mol \cdot L^{-1}$)、H_2O_2(30%)、$AgNO_3$($2\ mol \cdot L^{-1}$)、$SnCl_2$($0.5\ mol \cdot L^{-1}$，新配)、奈斯勒试剂、戊醇、乙醚、滤纸、pH试纸等。

四、实验内容

1. 制备 Co(Ⅲ)配合物　在锥形瓶中将 $1.0\ g$ 的 NH_4Cl 溶于 $6\ mL$ 浓 $NH_3 \cdot H_2O$ 中，待完全溶解后手持锥形瓶颈不断振摇，使溶液均匀。分数次加入 $2.0\ g\ CoCl_2$ 粉末，边加边摇动，加完后继续摇动，使溶液成棕色稀浆。再往其中加 $2\sim3\ mL$ 的 H_2O_2(30%)，边加边摇动，并在水浴上微热，温度最高不要超过 $85\ ℃$，边摇边加热 $10\sim15\ min$，然后在室温下冷却混合物并摇动，待完全冷却后过滤出沉淀。用 $5\ mL\ H_2O$ 分数次洗涤沉淀，接着用 $5\ mL$ 冷的 $6\ mol \cdot L^{-1}$ HCl洗涤，产物晾干并称重。

2. 组成的验证

(1)用小烧杯取 $0.3\ g$ 所制得的配合物，加入 $35\ mL$ 蒸馏水，混匀后用pH试纸检验其酸碱性。

(2)用小烧杯取 $15\ mL$ 上述溶液，慢慢滴加 $2\ mol \cdot L^{-1}\ AgNO_3$ 并搅动，直至加一滴 $AgNO_3$ 溶液后上部清液没有沉淀生成。然后过滤，往滤液中加 $1\sim2\ mL$ 浓 HNO_3 并搅动，再往溶液中加 $AgNO_3$ 溶液，观察有无沉淀，沉淀量和前次相比如何？

(3)取 $2\sim3\ mL$ 实验(1)的溶液于试管中，加几滴 $SnCl_2$($0.5\ mol \cdot L^{-1}$，新

配)溶液，振荡后加一粒绿豆大小的 KSCN 固体，振摇后再加 1 mL 戊醇、1 mL 乙醚，振荡后观察上层溶液的颜色。

(4)取 2 mL 实验(1)中溶液于试管中，加入少量的蒸馏水，得清亮溶液后，加 2 滴奈斯勒试剂并观察现象。

(5)将实验(1)中剩下的混合液加热，观察溶液的变化，直至完全变成棕黑色后停止加热，冷却后用 pH 试纸检验其酸碱性。然后过滤(必要时使用双层滤纸)。取所得清液，分别做一次(3)和(4)的实验。观察现象和原来有什么不同。

最后，通过以上实验来验证该化合物的组成。

五、思考题

1. 把 $CoCl_2$ 加到 NH_4Cl 和浓 $NH_3 \cdot H_2O$ 的混合液中，会发生什么反应？写出方程式。

2. H_2O_2(30％)的作用是什么？

3. 实验 2(2)中为什么在过滤后要加浓 HNO_3 然后又加 $AgNO_3$ 溶液？如果有沉淀说明什么问题？沉淀的量又说明什么？

4. 实验 2(3)中加 $SnCl_2$(0.5 mol·L^{-1}，新配)溶液的作用是什么？

实验十七　离子交换法制备纯水

一、实验目的

1. 了解离子交换法制备纯水的基本原理。
2. 掌握阳离子交换树脂、阴离子交换树脂预处理的方法。
3. 学习使用电导率仪。

二、实验原理

离子交换法是目前广泛采用的制备纯水的方法之一。水的净化过程是在离子交换树脂上进行的。离子交换树脂是一种有机高分子聚合物，它是由交换剂本体和交换基团两部分组成的。例如，聚苯乙烯磺酸型强酸性阳离子交换树脂就是苯乙烯和一定量的二乙烯苯的共聚物，经过浓硫酸处理，在共聚物的苯环上引入磺酸基(—SO_3H)而成。其中的 H^+ 可以在溶液中游离，并与金属离子进行交换。

$$R—SO_3H + M^+ = R—SO_3M + H^+$$

其中：R 为共聚物的本体；—SO_3 为与本体联结的固定部分，不能游离和交换；M^+ 代表一价金属离子。

阳离子交换树脂可表示为

$$\overbrace{R\quad -SO_3^-}^{本体}\ \vdots\ \underset{\uparrow}{H^+}\quad 交换基团$$

起交换作用的阳离子

如果在共聚物的本体上引入各种氨基，就成为阴离子交换树脂。例如，季铵型强碱性阴离子交换树脂 $R—N^+(CH_3)_3OH^-$，其中 OH^- 在溶液中可以游离，并与阴离子交换。

离子交换法制备纯水的原理就是基于树脂和天然水中各种离子间的可交换性。例如，$R—SO_3H$ 型阳离子交换树脂，交换基团中的 H^+ 可与天然水中的各种阳离子进行交换，使天然水中的 Ca^{2+}、Mg^{2+}、Na^+、K^+ 等离子结合到树脂上，而 H^+ 进入水中，于是就除去了水中的金属阳离子杂质。水通过阴离子交换树脂时，交换基团中的 OH^- 具有可交换性，将 HCO_3^-、Cl^-、SO_4^{2-} 等离子除去，而交换出来的 OH^- 与 H^+ 发生中和反应，这样可得到高纯水。

交换反应可简单表示如下：

$$2R—SO_3H+Ca(HCO_3)_2 \longrightarrow (R—SO_3)_2Ca+2H_2CO_3$$
$$R—SO_3H+NaCl \longrightarrow R—SO_3Na+HCl$$
$$R—N(CH)_3OH+NaHCO_3 \longrightarrow R—N(CH)_3HCO_3+NaOH$$
$$R—N(CH)_3OH+H_2CO_3 \longrightarrow R—N(CH)_3HCO_3+H_2O$$
$$HCl+NaOH \longrightarrow H_2O+NaCl$$

本实验用自来水通过混合阳、阴离子交换树脂来制备纯水。

三、仪器和试剂

1. 仪器 电导率仪、电导电极、酸度计、离子交换柱或 50 mL 酸碱滴定管、玻璃纤维(棉花)、乳胶管、螺旋夹。

2. 试剂 717 强碱性阴离子交换树脂、732 强酸性阳离子交换树脂、$NaOH(2\ mol \cdot L^{-1})$、$HCl(2\ mol \cdot L^{-1})$、$AgNO_3(0.1\ mol \cdot L^{-1})$、$NH_3 - NH_4Cl$ 缓冲溶液($pH=10$)、铬黑 T 指示剂、pH 试纸。

四、实验内容

1. 树脂的预处理 将 717(201×7)强碱性阴离子交换树脂用 $NaOH(2\ mol \cdot L^{-1})$ 浸泡 24 h，使其充分转为 OH^- 型。取 OH^- 型阴离子交换树脂 10 mL，放入烧杯中，待树脂沉降后倾去碱液。加 20 mL 蒸馏水搅拌、洗涤，待树脂沉降后，倾去上层溶液，将水尽量倒净，重复洗涤至接近中性（用 pH 试纸检验，pH＝7～8）。

将 732(001×7)强酸性阳离子交换树脂用 HCl(2 mol·L^{-1})浸泡 24 h，使其充分转为 H$^+$ 型。取 H$^+$ 型阳离子交换树脂 5 mL 于烧杯中，待树脂沉降后倾去上层酸液，用蒸馏水洗涤树脂，每次大约 20 mL，洗至接近中性（用 pH 试纸检验 pH＝5～6）。

最后，把已处理好的阳、阴离子交换树脂混合均匀。

2. 装柱　在一支长约 30 cm、直径 1 cm 的交换柱内下部放一团玻璃纤维，下部通过橡皮管与尖嘴玻璃管相连，用螺旋夹夹住橡皮管，将交换柱固定在铁架台上（图 3-17）。在柱中注入少量蒸馏水，排出管内玻璃毛和尖嘴中的空气，然后将已处理并混合好的树脂与水一起，从上端逐渐倾入柱中，树脂沿水下沉，这样不致带入气泡。若水过满，可打开螺旋夹放水。当上部残留的水达 1 cm 时，在顶部也装入一小团玻璃纤维，防止注入溶液时将树脂冲起。在整个操作过程中，树脂要一直保持为水覆盖。如果树脂床中进入空气会产生偏流使交换效率降低，若出现这种情况，可用玻璃棒搅动树脂层赶走气泡。（另一种树脂交换装置见图 3-18）

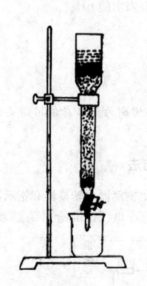

图 3-17　混合离子交换柱

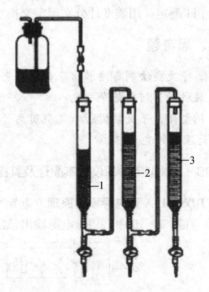

图 3-18　离子交换制水装置

1. 阳离子交换柱　2. 阴离子交换柱

3. 混合离子交换柱

3. 纯水制备 将自来水慢慢注入交换柱中，同时打开螺旋夹，使水成滴流出(流速 1~2 滴/s)，等流过约 10 mL 以后，截取流出液做水质检验，直至检验合格。

4. 水质检验

(1)化学检验

① 检验 Ca^{2+}、Mg^{2+}：分别取 5 mL 交换水和自来水，各加入 3~4 滴 $NH_3 - NH_4Cl$ 缓冲液及 1 滴铬黑 T 指示剂，观察现象。交换过的水呈蓝色，表示基本上不含 Ca^{2+}、Mg^{2+}。

② 检验 Cl^-：分别取 5 mL 交换水和自来水，各加入 1 滴 5 mol·L^{-1} HNO_3 和 1 滴 0.1 mol·L^{-1} $AgNO_3$ 溶液，观察现象。交换水无白色沉淀。

(2)物理检验

① 电导率测定：用电导率仪分别测定交换水和自来水的电导率。

水中杂质离子越少，水的电导率就越小，用电导率仪测定电导率可间接了解水的纯度。习惯上用电阻率(即电导率的倒数)表示水的纯度。

理想纯水有极小的电导率。其电阻率在 25 ℃时为 1.8×10^7 $\Omega \cdot cm$(电导率为 0.056 $\mu S \cdot cm^{-1}$)。普通化学实验用水在 1.0×10^5 $\Omega \cdot cm$(电导率为 10 $\mu S \cdot cm^{-1}$)，若交换水的测定达到这个数值，即为合乎要求。

② pH 测定：用酸度计分别测定交换水和自来水的 pH。

五、思考题

1. 离子交换法制备纯水的基本原理是什么？

2. 装柱时为何要赶净气泡？

3. 钠型阳离子交换树脂和氯型阴离子交换树脂为什么在使用前要分别用酸、碱处理，并洗至中性？

附：DDS - 11A 型电导率仪基本原理及其操作方法

1. DDS - 11A 型电导率仪原理 电导率仪由振荡器、转换器和指示器等部分组成。在图 3 - 19 中，稳压电源输出稳定的直流电压，供给振荡器和放大

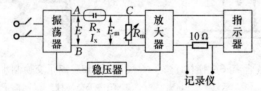

图 3 - 19　DDS - 11A 型电导率仪原理图

器，使它们在稳定状态下工作。振荡器输出电压不随电导池电阻 R_x 的变化而变化，从而为电阻分压回路提供一稳定的标准电压 E。转换器采用的电阻分压回路由电导池电阻 R_x 和测量阻箱电阻 R_m 串联组成。E 加在该回路 AB 两端，产生测量电流 I_x。根据欧姆定律：

$$I_x = \frac{E}{R_x + R_m} = \frac{E_m}{R_m}$$

如果电导池两极间距离为 L，电极有效面积为 A，所测溶液的电导率为 κ，则该溶液的电导 G 为

$$G = \kappa \cdot A / L$$

对已确定的一对电极，L/A 是一常数，叫电导池的电池常数，用 K_{cell} 表示。由上式得

$$\kappa = K_{cell} G$$

$$E_m = \frac{E R_m}{R_m + R_x} = \frac{E R_m}{R_m + 1/G}$$

式中：G 为电导池溶液电导。

上式中 E 不变，R_m 经设定后也不变，所以电导 G 只是 E_m 的函数，当电导池中溶液的电导变化时，必将引起 E_m 的相应变化。因此，通过测定 E_m 值的大小，就可以知道电导池中溶液的电导率的大小。E_m 经放大检波后，在显示仪表（直流电表）上，用换算成的电导值或电导率值显示出来。

2. DDS - 11A 型电导率仪外观结构　DDS - 11A 型电导率仪的面板如图 3 - 20 所示。

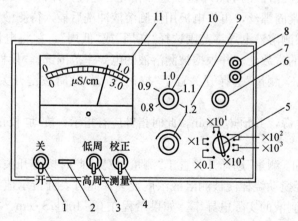

图 3 - 20　DDS - 11A 型电导率仪的面板图

1. 电源开关　2. 指示灯　3. 高周-低周开关　4. 校正-测量开关　5. 量程选择开关
6. 电容补偿调节器　7. 电极插口　8. 10 mV 输出插口　9. 校正调节器　10. 电极常数调节器　11. 表头

3. 仪器的操作方法

(1)仪器在未接通电源前，检查表针是否指在零处，如不指零，可调整表头上的螺丝，使表针指零。

(2)该仪器可采用交流电源和 15 V 直流电源。在使用交流电时，将交流-直流转换开关拨至"交流"，指示灯亮，表示交流电源已接通。如果使用外接 15 V 直流电源，要注意电源极性不能接错(直流线的红色夹接电源正极，黑色夹接负极)。将交流-直流转换开关拨至"直流"。直流电源被接通时指示灯不亮。

(3)当被测溶液的电导率低于 10 $\mu S \cdot cm^{-1}$ 时，如测去离子水或极稀的溶液，使用 DJS-1 型光亮电极；电导率在 $10 \sim 10^4$ $\mu S \cdot cm^{-1}$ 时，使用 DJS-1 型铂黑电极；若溶液的电阻很小，电导率大于 10^4 $\mu S \cdot cm^{-1}$，使用 DJS-10 型铂黑电极。

使用 DJS-1 型光亮电极和铂黑电极时，电极常数调节器的指示值应与使用电极的实际电极常数值相同。如使用的电极的电极常数为 0.95，则电极常数调节器应指在 0.95 处。

使用 DJS-10 型铂黑电极时，应把电极常数调节器调在所用电极的电极常数的 1/10 位置上，如电极常数为 9.8，应把电极常数调节器调在 0.98 位置上，然后将测得的读数乘以 10，即为被测溶液的电导率。

当被测溶液电导率低于 300 $\mu S \cdot cm^{-1}$ 时，测量范围选择器选用低周；而大于或等于 300 $\mu S \cdot cm^{-1}$ 时选用高周。若测量时预先不知道被测溶液电导率的大小，应先把量程开关置于电导率测量的最高挡，然后逐渐下降，以防表针打弯。

(4)根据被测溶液的电导率范围选择相应的电极，并将电极插入电极插口，旋紧插口上的紧固螺丝，再将电极用待测溶液冲洗后插入待测液中。

(5)根据被测溶液电导率范围选择"高周"或"低周"，并将电极常数调节器调至实际电极的常数处。并根据被测溶液的电导率范围选择"量程"挡别。

(6)将"校正-测量"选择开关置于"校正"位置(此时按键开关的按钮弹出，按钮呈黑色)。

(7)接通电源，并预热 5 min，此时指针应有指示，旋动"校正"旋钮使表针指示在满刻度。

(8)将"校正-测量"选择开关置于"测量"位置(此时按键开关应按下，按钮呈红色)，轻轻搅动烧杯使被测溶液浓度混匀，此时表针指示值乘以量程开关的倍率即为被测液的实际电导率。如果量程在 $0 \sim 100$ $\mu S \cdot cm^{-1}$ 挡，表针指示为 0.9，则被测液电导率为 $0.9 \times 100 = 90$ $\mu S \cdot cm^{-1}$。

(9)表头上有上下两组刻度，上组黑字为电导率，下组红字为电阻，因此读数时若量程开关刻线指在黑挡，读数应读表头上的上面一组，反之读下面一组。如果测量过程中表针指示太小或超过满刻度，应适当改变"量程选择"开关位置。

(10)测量完毕，将"量程选择"开关还原到最高挡，"校正-测量"开关拨向"校正"，取出电极用去离子水冲洗后，放回电极盒。

实验十八　三草酸合铁(Ⅲ)酸钾的制备及组成分析

一、实验目的

1. 掌握三草酸合铁(Ⅲ)酸钾的制备原理及过程。
2. 熟练掌握溶解、沉淀和沉淀洗涤、减压过滤、浓缩、蒸发、结晶等基本操作。

二、实验原理

三草酸合铁(Ⅲ)酸钾(含 3 个结晶水)是一种绿色的单斜晶体，易溶于水[每 100 g 水溶解 4.7 g(0 ℃)，17.7 g(100 ℃)]，难溶于有机溶剂。110 ℃下可失去全部结晶水，230 ℃时分解。三草酸合铁(Ⅲ)酸钾受光易分解变为黄色。因其具有光敏性，所以常用来作为化学光量计。另外，三草酸合铁(Ⅲ)酸钾是制备某些活性铁催化剂的主要原料，也是一些有机反应良好的催化剂，在工业上具有一定的应用价值。本实验采用的方法是首先由硫酸亚铁铵与草酸反应制备草酸亚铁：

$$(NH_4)_2Fe(SO_4)_2 \cdot 6H_2O + H_2C_2O_4$$
$$= FeC_2O_4 \cdot 2H_2O\downarrow + (NH_4)_2SO_4 + H_2SO_4 + 4H_2O$$

然后在过量草酸根存在下，用过氧化氢氧化草酸亚铁即可得到三草酸合铁(Ⅲ)酸钾，同时有氢氧化铁生成：

$$6FeC_2O_4 \cdot 2H_2O + 3H_2O_2 + 6\ K_2C_2O_4$$
$$= 4K_3[Fe(C_2O_4)_3] + 2\ Fe(OH)_3\downarrow + 12H_2O$$

加入适量草酸可使氢氧化铁转化为三草酸合铁(Ⅲ)酸钾配合物：

$$2Fe(OH)_3 + 3\ H_2C_2O_4 + 3K_2C_2O_4 = 2K_3[Fe(C_2O_4)_3] \cdot 3H_2O$$

再加入乙醇，放置冷却即可析出产物的结晶。

总反应式：

$$2FeC_2O_4 \cdot 2H_2O + H_2O_2 + H_2C_2O_4 + 3K_2C_2O_4 \longrightarrow 2K_3[Fe(C_2O_4)_3] \cdot 3H_2O$$

三、仪器和试剂

1. 仪器　烧杯、量筒、表面皿、恒温水浴槽、托盘天平、电子天平、电热干燥箱、循环泵、吸滤瓶及布氏漏斗、滴定管、锥形瓶、紫外可见分光光度计。

2. 试剂　$K_2C_2O_4$(饱和)、$KMnO_4$ 标准溶液(0.020 0 mol·L^{-1})、无水乙醇、$H_2C_2O_4$(饱和)、H_2O_2(6%)、KSCN(0.1 mol·L^{-1})、H_2SO_4(3 mol·L^{-1})、$FeCl_3$ (0.1 mol·L^{-1})、$CaCl_2$(0.1 mol·L^{-1})、$(NH_4)_2Fe(SO_4)_2 \cdot 6H_2O$(固体)。

四、实验内容

1. $FeC_2O_4 \cdot 2H_2O$ 的制备　在 250 mL 烧杯中加入 6.0 g $(NH_4)_2Fe(SO_4)_2 \cdot 6H_2O$ 固体、20 mL 蒸馏水和 1 mL 3 mol·L^{-1} H_2SO_4,加热溶解后,再加入 25 mL 饱和 $H_2C_2O_4$ 溶液,加热搅拌至沸,并维持微沸 5 min,停止加热,静置,得到黄色 $FeC_2O_4 \cdot 2H_2O$ 沉淀,待沉降后,倾析弃去上层清液,用热蒸馏水(约 60 ℃)少量多次(每次约 50 mL)洗涤沉淀以除去可溶性杂质(以在酸性条件下检测不到硫酸根为止)。

2. $K_3[Fe(C_2O_4)_3] \cdot 3H_2O$ 的制备　在上述沉淀中加入 15 mL 饱和 $K_2C_2O_4$ 溶液,水浴加热至 40 ℃,用滴管少量多次慢慢加入 6% H_2O_2 12 mL,边加边搅拌,然后将溶液加热至沸并不断搅拌,以除去过量的 H_2O_2。取适量饱和 $H_2C_2O_4$ 溶液,用滴管逐滴加到上述保持沸腾的溶液中,不断搅拌,使沉淀完全溶解变为透明的绿色溶液为止。用冷水冷却后,加入无水乙醇 15 mL,继续用冷水冷却在暗处放置约 10 min,结晶。减压过滤,抽干后用约 20 mL 乙醇分多次洗涤产品,继续抽干,放入干燥箱内,在 60 ℃条件下干燥 5 min,称量,计算产率。产品放在干燥器内避光保存。

3. 产物的定性分析

(1)Fe^{3+} 的检测　在一支试管中加入少量产物并用蒸馏水溶解,另取一支试管加入少量 0.1 mol·L^{-1} $FeCl_3$ 溶液,各滴加 0.1 mol·L^{-1} 的 KSCN 5 滴,观察现象。再滴加 5 滴 3 mol·L^{-1} 的 H_2SO_4 于装产物的试管中,观察溶液颜色有何变化,解释现象,写出方程式。

(2)$C_2O_4^{2-}$ 的检测　在一支试管中加入少量产物,并用蒸馏水溶解。另取一试管加入少量饱和 $K_2C_2O_4$ 溶液,然后各加入 0.1 mol·L^{-1} $CaCl_2$ 1 滴,观察现象,写出方程式。

4. 产物的定量分析

(1)Fe^{3+} 含量的测定　准确称量 3 份 $Fe_2(C_2O_4)_3$ 样品,分别放入 10 mL 容量瓶中,用水溶解定容,然后用紫外可见分光光度计先进行全波段扫描,测量其吸收曲线,确定吸收波长,在其特征吸收波长下,测定吸光度,得到 $Fe_2(C_2O_4)_3$ 的摩尔吸光系数(ε),然后称取定量的三草酸合铁(Ⅲ)酸钾溶解定容于 10 mL 容量瓶。在特定波长下测定吸光度。根据朗伯-比尔定律，计算 Fe^{3+} 的含量。

(2)$C_2O_4^{2-}$ 含量的测定　在电子天平上准确称取两份样品(0.18～0.20 g)，分别放入两个 250 mL 锥形瓶中，各加入 3 mol·L^{-1} 的 H_2SO_4 10 mL、蒸馏水 20 mL，微热溶解，加热至 70～80 ℃，趁热用 0.020 0 mol·L^{-1}KMnO$_4$ 标准溶液进行滴定。先滴加 1～2 滴，待 $KMnO_4$ 褪色后，再继续滴入 $KMnO_4$，直到溶液呈粉红色，30 s 不褪色为止。根据消耗 $KMnO_4$ 溶液的体积，计算产物中 $C_2O_4^{2-}$ 的质量分数。

五、思考题

1. 影响三草酸合铁(Ⅲ)酸钾产量的主要因素有哪些？
2. 三草酸合铁(Ⅲ)酸钾见光易分解，应如何保存？

实验十九　茶叶中某些元素的分离和鉴定

一、实验目的

1. 掌握茶叶中某些化学元素的鉴定方法。
2. 掌握配位滴定法测定茶叶中钙、镁含量的方法和原理。
3. 掌握分光光度法测定茶叶中微量铁的方法。

二、实验原理

茶叶作为有机体，主要由 C、H、O 和 N 等元素组成，另外还含有 Ca、Mg、Al 和 Fe 等金属元素。对茶叶中的 Ca、Mg、Al 和 Fe 进行定性鉴定和定量测定首先需要对茶叶进行"干灰化"处理。所谓"干灰化"就是将试样置于坩埚中加热把有机物经氧化分解烧成灰烬。灰化后，经酸溶解，即可逐级进行分析。

在测定中，铁铝混合液中 Fe^{3+} 对 Al^{3+} 的鉴定有干扰，需要将 Fe^{3+} 去除。利用 Al^{3+} 的两性，先加入过量的碱，使 Al^{3+} 转化为 AlO_2^-，而 Fe^{3+} 则生成 $Fe(OH)_3$ 沉淀，过滤分离后去除 Fe^{3+}。而钙镁混合液中，Ca^{2+} 和 Mg^{2+} 的鉴定互不干扰，可直接鉴定，不必分离。

定性鉴定：铁、铝、钙、镁各自的特征反应为
$$Fe^{3+}+nKSCN(饱和)=[Fe(SCN)_n]^{3-n}(血红色)+nK^+$$
$$Al^{3+}+铝试剂+OH^-=红色絮状沉淀$$
$$Mg^{2+}+镁试剂+OH^-=天蓝色沉淀$$

HAc 介质中 $Ca^{2+} + C_2O_4^{2-} = CaC_2O_4$（白色沉淀）

根据上述特征反应的实验现象，可分别鉴定出 Fe、Al、Ca、Mg 4 种元素。

钙、镁含量的测定，可采用配位滴定法。在 pH=10 的条件下，以铬黑 T 为指示剂，EDTA 为标准溶液，直接滴定可测得 Ca 和 Mg 的总量。若欲分别测定 Ca、Mg 含量，可在 pH>12.5 时，使 Mg^{2+} 生成氢氧化物沉淀，以钙为指示剂，以 EDTA 为标准溶液滴定 Ca^{2+}，然后用差减法即得 Mg^{2+} 的含量。

Fe^{3+}、Al^{3+} 的存在会对 Ca^{2+}、Mg^{2+} 的测定产生干扰，在分析时，可用三乙醇胺掩蔽 Fe^{3+} 和 Al^{3+}。

茶叶中铁含量较低，可用分光光度法测定。在 pH=2~9 的条件下，Fe 与邻二氮菲能生成稳定的橘红色配合物，反应式如下：

该配合物的 $\lg K_稳 = 21.3$，摩尔吸收系数 $\varepsilon_{530} = 1.1 \times 10^4$。

在显色前，先用盐酸羟胺把 Fe^{3+} 还原成 Fe^{2+}，反应式如下：

$$2Fe^{3+} + 2NH_2OH \cdot HCl = 2Fe^{2+} + N_2 + 4H^+ + 2H_2O + 2Cl^-$$

显色时，溶液的酸度过高（pH<2），反应进行较慢；若酸度太低，则 Fe^{2+} 水解，影响显色。

三、仪器和试剂

1. 仪器 煤气灯、研钵、蒸发皿、称量瓶、托盘天平、分析天平、中速定量滤纸、长颈漏斗、容量瓶（250 mL、50 mL）、锥形瓶（250 mL）、酸式滴定管（50 mL）、比色皿（3 cm）、吸量管（5 mL、10 mL）、新悦 T6 型分光光度计。

2. 试剂 铬黑 T（1%）、HCl（6 mol·L^{-1}）、HAc（2 mol·L^{-1}）、NaOH（6 mol·L^{-1}）、$NH_3 \cdot H_2O$（6 mol·L^{-1}）、$(NH_4)_2C_2O_4$（0.25 mol·L^{-1}）、EDTA（0.01 mol·L^{-1}）、饱和 KSCN 溶液、Fe 标准溶液（0.010 mg·L^{-1}）、铝试剂、镁试剂、$NH_3 \cdot H_2O$-NH_4Cl 缓冲溶液（pH=10）、三乙醇胺水溶液（25%）、HAc-NaAc 缓冲溶液（pH=4.6）、邻二氮菲水溶液（0.1%）、盐酸羟胺水溶液（1%）。

四、实验内容

1. 茶叶的灰化和试液的制备 取在 100~105 ℃下烘干的茶叶 7~8 g 于研

钵中捣成细末，转移至称量瓶中，称出称量瓶和茶叶的质量和，然后将茶叶末全部倒入蒸发皿中，再称空称量瓶的质量，差减法得蒸发皿中茶叶的准确质量。

将盛有茶叶末的蒸发皿加热使茶叶灰化(在通风橱中进行)，然后升高温度，使其完全灰化，冷却后，加 6 mol·L^{-1} HCl 10 mL 于蒸发皿中，搅拌溶解(可能有少量不溶物)，将溶液完全转移至 150 mL 烧杯中，加水 20 mL，再加 6 mol·L^{-1} NH$_3$·H$_2$O 适量调节溶液 pH 为 6～7，产生沉淀。置于沸水浴上加热 30 min，过滤，然后洗涤烧杯和滤纸。滤液直接用 250 mL 容量瓶盛接，并稀释至刻度，摇匀，贴上标签，标明为 Ca、Mg 离子试液(1$^\#$)，待测。另取 250 mL 容量瓶一只于长颈漏斗之下，用 6 mol·L^{-1} HCl 10 mL 重新溶解滤纸上的沉淀，并少量多次地洗涤滤纸。完毕后，稀释容量瓶中滤液至刻度线，摇匀，贴上标签，标明为 Fe 离子试验(2$^\#$)，待测。

2. Fe、Al、Ca、Mg 元素的鉴定　从 1$^\#$ 试液的容量瓶中倒出试液 1 mL 于一洁净的试管中，然后从试管取 2 滴试液于点滴板上，加镁试剂 1 滴，再加 6 mol·L^{-1} NaOH 碱化，观察现象，做出判断。

从上述试管中再取试液 2～3 滴于另一试管中，加入 1～2 滴 2 mol·L^{-1} HAc 酸化，再加 2 滴 0.25 mol·L^{-1} (NH$_4$)$_2$C$_2$O$_4$，观察实验现象，做出判断。

从 2$^\#$ 试液的容量瓶中倒出试液 1 mL 于一洁净试管中，然后从试管中取 2 滴试液于点滴板上，加饱和 KSCN 1 滴，根据实验现象，做出判断。

在上述试管剩余的试液中，加 6 mol·L^{-1} NaOH 直至白色沉淀溶解为止，离心分离，取上层清液于另一试管中，加 6 mol·L^{-1} HAc 酸化，加铝试剂 3～4 滴，放置片刻后，加 6 mol·L^{-1} NH$_3$·H$_2$O 碱化，在水浴中加热，观察实验现象，做出判断。

3. 茶叶中 Ca、Mg 总量的测定　从 1$^\#$ 容量瓶中准确吸取试液 25 mL 置于 250 mL 锥形瓶中，加入 NH$_3$·H$_2$O-NH$_4$Cl 缓冲溶液 10 mL，再加入三乙醇胺 5 mL，摇匀，最后加入铬黑 T 指示剂少许，用 0.01 mol·L^{-1} EDTA 标准溶液滴定至溶液由红紫色恰变纯蓝色，即达终点，根据 EDTA 的消耗量，计算茶叶中 Ca、Mg 的总量，并以 MgO 的质量分数表示。

4. 茶叶中 Fe 含量的测量

(1)邻二氮菲亚铁吸收曲线的绘制　用吸量管吸取铁标准溶液 0、2.0、4.0 mL 分别注入 50 mL 容量瓶中，各加入 5 mL 盐酸羟胺溶液，摇匀，再加入 5 mL HAc-NaAc 缓冲溶液和 5 mL 邻二氮菲溶液，用蒸馏水稀释至刻度，摇匀。放置 10 min，用 3 cm 比色皿，以试剂空白溶液为参比溶液，在新悦 T6 型分光光度计中，从波长 420～600 nm 分别测定其吸光度，以波长为横坐标，吸光度为纵坐标，绘制邻二氮菲亚铁的吸收曲线，并确定最大吸收峰的波长，以此为测量波长。

(2)标准曲线的绘制　用吸量管分别吸取铁的标准溶液0、1.0、2.0、3.0、4.0、5.0、6.0 mL于7只50 mL容量瓶中，依次分别加入5.0 mL盐酸羟胺、5.0 mL HAc－NaAc缓冲溶液、5.0 mL邻二氮菲，用蒸馏水稀释至刻度，摇匀，放置10 min。用3 cm比色皿，以空白溶液为参比溶液，用分光光度计分别测其吸光度。以50 mL溶液中铁含量为横坐标，相应的吸光度为纵坐标，绘制邻二氮菲亚铁的标准曲线。

(3)茶叶中Fe含量的测定　用吸量管从2$^\#$容量瓶中吸取试液2.5 mL于50 mL容量瓶中，依次加入5.0 mL盐酸羟胺、5.0 mL HAc－NaAc缓冲溶液、5.0 mL邻二氮菲，用水稀释至刻度，摇匀，放置10 min。以空白溶液为参比溶液，在同一波长处测其吸光度，并从标准曲线上求出50 mL容量瓶中Fe的含量，并换算出茶叶中Fe的含量，以Fe_2O_3质量分数表示之。

五、思考题

1. 应如何选择灰化的温度？
2. 鉴定Ca时，为什么Mg不会干扰？
3. 测定钙镁含量时加入三乙醇胺的作用是什么？
4. 邻二氮菲分光光度法测铁的作用原理是什么？用该法测得的铁含量是否为茶叶中亚铁含量？为什么？
5. 如何确定邻二氮菲显色剂的用量？

实验二十　日用化学品——香皂的制备

一、实验目的

1. 巩固油脂的主要性质——皂化。
2. 掌握香皂的制备原理、方法及其性质。
3. 了解香皂的分类及去污原理。

二、实验原理

制备原理：

$$\begin{array}{c} H_2C\text{—}OOCR \\ | \\ CH\text{—}OOCR \\ | \\ H_2C\text{—}OOCR \end{array} + 3NaOH \xrightarrow{\triangle} \begin{array}{c} CH_2OH \\ | \\ CHOH \\ | \\ CH_2OH \end{array} + 3RCOONa$$

$$皂化值 = \frac{cV \times 56.1}{m}$$

式中：c 为 KOH 的浓度；V 为 KOH 的体积；m 为油脂的质量。

去污原理：

高级脂肪酸的钠盐{非极性的憎水部分(烃基)，极性的亲水部分(羧基)}

三、仪器和试剂

1. 仪器　小烧杯(50 mL)、量筒(50 mL、20 mL 和 10 mL 各一支)、玻璃棒、铁架台、酒精灯、石棉网、纱布。

2. 试剂　植物油、NaOH(30％溶液)、NaCl(饱和溶液)、苯酚、乙醇(95％)、蒸馏水、香料、天然色素。

四、实验内容

(1)用 20 mL 量筒量取 12 mL 植物油于蒸发皿中，加入 12 mL 95％无水乙醇和 6 mL 30％ NaOH 溶液。

(2)将蒸发皿置于铁架台上，用酒精灯加热，边加热边搅拌，直到混合物变为淡黄色的糊状物质。

(3)在 50 mL 小烧杯中加入少量蒸馏水，取一滴淡黄色糊状混合物于小烧杯中进行检测，如果在液体表面形成油滴，需继续加热搅拌，直到在液体表面不形成油滴为止。

(4)将蒸发皿放在冷水浴中冷却，然后加入 20 mL 热的蒸馏水，再次放入冷水浴中冷却，然后加入 25 mL 饱和 NaCl 溶液，并充分搅拌。

(5)向蒸发皿中加入 3～5 mL 苯酚，加入少量香料和天然色素，并充分搅拌。

(6)用纱布过滤，将固态物质倒入模具中，冷却，干燥。

五、思考题

油脂与 NaOH 反应生成脂肪酸钠，易溶于水，加入 NaCl 后为什么会析出？

附　录

附录一　不同温度下水的饱和蒸汽压

$t/℃$	p/mmHg	p/kPa	$t/℃$	p/mmHg	p/kPa	$t/℃$	p/mmHg	p/kPa
0	4.579	0.611 29	17	14.530	1.938 0	34	39.898	5.322 9
1	4.926	0.657 16	18	15.477	2.064 4	35	42.175	5.626 7
2	5.294	0.706 05	19	16.477	2.197 8	36	44.563	5.945 3
3	5.685	0.758 13	20	17.535	2.338 8	37	47.067	6.279 5
4	6.101	0.813 59	21	18.650	2.487 7	38	49.692	6.629 8
5	6.543	0.872 60	22	19.827	2.644 7	39	52.442	6.996 9
6	7.013	0.935 37	23	21.068	2.810 4	40	55.324	7.381 4
7	7.513	1.002 1	24	22.387	2.985 0	41	58.34	7.784 0
8	8.045	1.073 0	25	23.756	3.169 0	42	61.5	8.205 4
9	8.609	1.148 2	26	25.209	3.362 9	43	64.8	8.646 3
10	9.209	1.228 1	27	26.739	3.567 0	44	68.26	9.107 5
11	9.844	1.312 9	28	28.349	3.781 8	45	71.88	9.589 8
12	10.518	1.402 7	29	30.043	4.007 8	46	75.65	10.094
13	11.231	1.497 9	30	31.824	4.245 5	47	77.60	10.620
14	11.987	1.598 8	31	33.695	4.495 3	48	83.71	11.171
15	12.788	1.705 6	32	35.663	4.757 8	49	88.02	11.745
16	13.634	1.818 5	33	37.729	5.033 5	50	92.51	12.344

以"kPa"为单位的数据摘自 David R. Lide，CRC Handbook of Chemistry and Physics，87th ed.，6～9，2006-2007。

以"mmHg"为单位的数据摘自 John A. Dean，Lange's Handbook of Chemistry，15th ed.，1(5) 28～29，1998。

mmHg 为非法定计量单位，760 mmHg$\approx 10^5$ Pa。

附录二 几种常用酸碱的密度和浓度

试剂名称	密度(20 ℃)/(g·cm^{-3})	质量分数/%	物质的量浓度 mol·L^{-1}
浓 H$_2$SO$_4$	1.84	98	18
稀 H$_2$SO$_4$	1.18	25	3
浓 HCl	1.19	38	12
稀 HCl	1.10	20	6
浓 HNO$_3$	1.41	68	15.2
稀 HNO$_3$	1.20	32	6
稀 HNO$_3$	1.07	12	2
浓 H$_3$PO$_4$	1.70	85	14.7
稀 H$_3$PO$_4$	1.05	9	1
浓 HClO$_4$	1.67	70	11.6
稀 HClO$_4$	1.12	19	2
浓 HF	1.13	40	23
HBr	1.49	47	8.6
HI	1.70	57	7.5
冰乙酸	1.05	99	17.5
稀 HAc	1.04	32	6
稀 HAc	1.02	12	2
浓 NaOH	1.44	~40	~14.4
稀 NaOH	1.22	20	6
浓 NH$_3$·H$_2$O	0.91	~28	14.8
稀 NH$_3$·H$_2$O	0.96	10	6
Ca(OH)$_2$ 饱和溶液	—	0.15	—
Ba(OH)$_2$ 饱和溶液	—	2	~0.1

摘自 John A. Dean，Lange's Handbook of Chemistry，15th ed.，(11)106，1998。

附录三　弱电解质在水溶液中的标准离解常数

电解质		温度/℃	电离常数($K_a^\ominus$ 或 $K_b^\ominus$)	p$K_a^\ominus$ 或 p$K_b^\ominus$
名称	分子式			
砷酸	H_3AsO_4	18	$K_{a1}^\ominus = 5.62 \times 10^{-3}$	2.25
			$K_{a2}^\ominus = 1.70 \times 10^{-7}$	6.77
			$K_{a3}^\ominus = 3.92 \times 10^{-12}$	11.40
硼酸	H_3BO_3	20	$K_a^\ominus = 7.3 \times 10^{-10}$	9.14
碳酸	H_2CO_3	25	$K_{a1}^\ominus = 4.30 \times 10^{-7}$	6.37
			$K_{a2}^\ominus = 5.61 \times 10^{-11}$	10.25
氢氰酸	HCN	25	$K_a^\ominus = 4.93 \times 10^{-10}$	9.31
氢硫酸	H_2S	18	$K_{a1}^\ominus = 9.1 \times 10^{-8}$	7.04
			$K_{a2}^\ominus = 1.1 \times 10^{-12}$	11.96
草酸	$H_2C_2O_4$	25	$K_{a1}^\ominus = 5.90 \times 10^{-2}$	1.23
			$K_{a2}^\ominus = 6.40 \times 10^{-5}$	4.19
铬酸	H_2CrO_4	25	$K_{a1}^\ominus = 1.8 \times 10^{-1}$	0.74
			$K_{a2}^\ominus = 3.20 \times 10^{-7}$	6.49
氢氟酸	HF	25	$K_a^\ominus = 3.53 \times 10^{-4}$	3.45
亚硫酸	H_2SO_3	18	$K_{a1}^\ominus = 1.54 \times 10^{-2}$	1.81
			$K_{a2}^\ominus = 1.02 \times 10^{-7}$	6.99
亚硝酸	HNO_2	25	$K_a^\ominus = 4.6 \times 10^{-4}$	3.34
磷酸	H_3PO_4	25	$K_{a1}^\ominus = 7.52 \times 10^{-3}$	2.12
			$K_{a2}^\ominus = 6.23 \times 10^{-8}$	7.21
			$K_{a3}^\ominus = 4.8 \times 10^{-13}$	12.32
硫代硫酸	$H_2S_2O_3$	25	$K_{a1}^\ominus = 2.50 \times 10^{-1}$	0.60
			$K_{a2}^\ominus = 1.90 \times 10^{-2}$	1.72
硅酸	H_2SiO_3	25	$K_{a1}^\ominus = 2 \times 10^{-10}$	9.7
			$K_{a2}^\ominus = 1 \times 10^{-12}$	12.00
醋酸	CH_3COOH	25	$K_a^\ominus = 1.76 \times 10^{-5}$	4.75
氨水	$NH_3 \cdot H_2O$	25	$K_b^\ominus = 1.77 \times 10^{-5}$	4.75

摘自 Lide D. R. ，CRC Handbook of Chemistry and Physics，73rd ed. ，839～841，Boca Roton：CRC Press，1992-1993。

附录四　一些难溶电解质的标准溶度积常数(298 K)

难溶电解质	溶度积 $K_{sp}^{\ominus}$	难溶电解质	溶度积 $K_{sp}^{\ominus}$
AgCl	1.77×10^{-10}	$Fe(OH)_2$	4.87×10^{-17}
AgBr	5.35×10^{-13}	$Fe(OH)_3$	2.64×10^{-39}
AgI	8.51×10^{-17}	FeS	1.59×10^{-19}
Ag_2CO_3	8.45×10^{-12}	Hg_2Cl_2	1.45×10^{-18}
Ag_2CrO_4	1.12×10^{-12}	HgS(黑)	6.44×10^{-53}
Ag_2SO_4	1.20×10^{-5}	$MgCO_3$	6.82×10^{-6}
$Ag_2S(\alpha)$	6.69×10^{-50}	$Mg(OH)_2$	5.61×10^{-12}
$Ag_2S(\beta)$	1.09×10^{-49}	$Mn(OH)_2$	2.06×10^{-13}
$Al(OH)_3$	2×10^{-33}	MnS	4.65×10^{-14}
$BaCO_3$	2.58×10^{-9}	$Ni(OH)_2$	5.47×10^{-16}
$BaSO_4$	1.07×10^{-10}	NiS	1.07×10^{-21}
$BaCrO_4$	1.17×10^{-10}	$PbCl_2$	1.17×10^{-5}
$CaCO_3$	4.96×10^{-9}	$PbCO_3$	1.46×10^{-13}
$CaC_2O_4 \cdot H_2O$	2.34×10^{-9}	$PbCrO_4$	1.77×10^{-14}
CaF_2	1.46×10^{-10}	PbF_2	7.12×10^{-7}
$Ca_3(PO_4)_2$	2.07×10^{-33}	$PbSO_4$	1.82×10^{-8}
$CaSO_4$	7.10×10^{-5}	PbS	9.04×10^{-29}
$Cd(OH)_2$	5.27×10^{-15}	PbI_2	8.49×10^{-9}
CdS	1.40×10^{-29}	$Pb(OH)_2$	1.42×10^{-20}
$Co(OH)_2$(桃红)	1.09×10^{-15}	$SrCO_3$	5.60×10^{-10}
$Co(OH)_2$(蓝)	5.92×10^{-15}	$SrSO_4$	3.44×10^{-7}
$CoS(\alpha)$	4.0×10^{-21}	$ZnCO_3$	1.19×10^{-10}
$CoS(\beta)$	2.0×10^{-25}	$Zn(OH)_2(\gamma)$	6.68×10^{-17}
$Cr(OH)_3$	7.0×10^{-31}	$Zn(OH)_2(\beta)$	7.71×10^{-17}
CuI	1.27×10^{-12}	$Zn(OH)_2(\varepsilon)$	4.12×10^{-17}
CuS	1.27×10^{-36}	ZnS	2.93×10^{-25}

摘自 Robert C. West，CRC Handbook of Chemistry and Physics，69th ed.，1988－1989，B207～208。

附录五　常见配离子的标准稳定常数

配离子	$K_{稳}^{\ominus}$	配离子	$K_{稳}^{\ominus}$
$Ag(CN)_2^-$	1.3×10^{21}	$FeCl_3$	98
$Ag(NH_3)_2^+$	1.1×10^7	$Fe(CN)_6^{4-}$	1.0×10^{35}
$Ag(SCN)_2^-$	3.7×10^7	$Fe(CN)_6^{3-}$	1.0×10^{42}
$Ag(S_2O_3)_2^{3-}$	2.9×10^{13}	$Fe(C_2O_4)_3^{3-}$	2×10^{20}
$Al(C_2O_4)_3^{3-}$	2.0×10^{16}	$Fe(NCS)^{2+}$	2.2×10^3
AlF_6^{3-}	6.9×10^{19}	FeF_3	1.13×10^{12}
$Cd(CN)_4^{2-}$	6.0×10^{18}	$HgCl_4^{2-}$	1.2×10^{15}
$CdCl_4^{2-}$	6.3×10^2	$Hg(CN)_4^{2-}$	2.5×10^{41}
$Cd(NH_3)_4^{2+}$	1.3×10^7	HgI_4^{2-}	6.8×10^{29}
$Cd(SCN)_4^{2-}$	4.0×10^3	$Hg(NH_3)_4^{2+}$	1.9×10^{19}
$Co(NH_3)_6^{2+}$	1.3×10^5	$Ni(CN)_4^{2-}$	2.0×10^{31}
$Co(NH_3)_6^{3+}$	2×10^{35}	$Ni(NH_3)_4^{2+}$	9.1×10^7
$Co(NCS)_4^{2-}$	1.0×10^3	$Pb(CH_3COO)_4^{2-}$	3×10^8
$Cu(CN)_2^-$	1.0×10^{24}	$Pb(CN)_4^{2-}$	1.0×10^{11}
$Cu(CN)_4^{3-}$	2.0×10^{30}	$Zn(CN)_4^{2-}$	5×10^{16}
$Cu(NH_3)_2^+$	7.2×10^{10}	$Zn(C_2O_4)_2^{2-}$	4.0×10^7
$Cu(NH_3)_4^{2+}$	2.1×10^{13}	$Zn(OH)_4^{2-}$	4.6×10^{17}
		$Zn(NH_3)_4^{2+}$	3.0×10^9

摘自 Lange's Handbook of Chemistry,14th ed.,New York：Hill,1992。

附录六　标准电极电势(298 K)

(1)酸性溶液中的标准电极电势

元素	电极反应	$\varphi^{\ominus}/V$
Ag	$AgBr+e=Ag+Br^-$	0.071 33
	$AgCl+e=Ag+Cl^-$	0.222 3
	$AgI+e=Ag+I^-$	−0.152 24
	$Ag_2CrO_4+2e=2Ag+CrO_4^{2-}$	0.447 0
	$Ag^++e=Ag$	0.799 6
Al	$Al^{3+}+3e=Al$	−1.662
As	$HAsO_2+3H^++3e=As+2H_2O$	0.248
	$H_3AsO_4+2H^++2e=HAsO_2+2H_2O$	0.560
Bi	$BiOCl+2H^++3e=Bi+H_2O+Cl^-$	0.158 3
	$BiO^++2H^++3e=Bi+H_2O$	0.320
Br	$Br_2+2e=2Br^-$	1.066
	$BrO_3^-+6H^++5e=\frac{1}{2}Br_2+3H_2O$	1.482
Ca	$Ca^{2+}+2e=Ca$	−2.868
Cl	$ClO_4^-+2H^++2e=ClO_3^-+H_2O$	1.189
	$Cl_2+2e=2Cl^-$	1.358 27
	$ClO_3^-+6H^++6e=Cl^-+3H_2O$	1.451
	$ClO_3^-+6H^++5e=\frac{1}{2}Cl_2+3H_2O$	1.47
	$HClO+H^++e=\frac{1}{2}Cl_2+H_2O$	1.611
	$ClO_3^-+3H^++2e=HClO_2+H_2O$	1.214
	$ClO_2+H^++e=HClO_2$	1.277
	$HClO_2+2H^++2e=HClO+H_2O$	1.645
Co	$Co^{3+}+e=Co^{2+}$	1.83
Cr	$Cr_2O_7^{2-}+14H^++6e=2Cr^{3+}+7H_2O$	1.232

（续）

元素	电极反应	$\varphi^{\ominus}/V$
Cu	$Cu^{2+}+e=Cu^{+}$	0.153
	$Cu^{2+}+2e=Cu$	0.341 9
	$Cu^{+}+e=Cu$	0.522
Fe	$Fe^{2+}+2e=Fe$	-0.447
	$Fe(CN)_6^{2+}+6e=Fe(CN)_6^{4-}$	0.358
	$Fe^{3+}+e=Fe^{2+}$	0.771
H	$2H^{+}+2e=H_2$	0
Hg	$Hg_2Cl_2+2e=2Hg+2Cl^{-}$	0.281
	$Hg_2^{2+}+2e=2Hg$	0.797 3
	$Hg^{2+}+2e=Hg$	0.851
	$2Hg^{2+}+2e=Hg_2^{2+}$	0.920
I	$I_2+2e=2I^{-}$	0.535 5
	$I_3^{-}+2e=3I^{-}$	0.536
	$IO_3^{-}+6H^{+}+5e=\frac{1}{2}I_2+3H_2O$	1.195
	$HIO+H^{+}+e=\frac{1}{2}I_2+H_2O$	1.439
K	$K^{+}+e=K$	-2.931
Mg	$Mg^{2+}+2e=Mg$	-2.372
Mn	$Mn^{2+}+2e=Mn$	-1.185
	$MnO_4^{-}+e=MnO_4^{2-}$	0.558
	$MnO_2+4H^{+}+2e=Mn^{2+}+2H_2O$	1.224
	$MnO_4^{-}+8H^{+}+5e=Mn^{2+}+4H_2O$	1.507
	$MnO_4^{-}+4H^{+}+3e=MnO_2+2H_2O$	1.679
Na	$Na^{+}+e=Na$	-2.71
N	$NO_3^{-}+4H^{+}+3e=NO+2H_2O$	0.957
	$2NO_3^{-}+4H^{+}+2e=N_2O_4+2H_2O$	0.803

（续）

元素	电极反应	$\varphi^{\ominus}/V$
	$HNO_2 + H^+ + e = NO + H_2O$	0.983
	$N_2O_4 + 4H^+ + 4e = 2NO + 2H_2O$	1.035
	$NO_3^- + 3H^+ + 2e = HNO_2 + H_2O$	0.934
	$N_2O_4 + 2H^+ + 2e = 2HNO_2$	1.065
O	$O_2 + 2H^+ + 2e = H_2O_2$	0.695
	$H_2O_2 + 2H^+ + 2e = 2H_2O$	1.776
	$O_2 + 4H^+ + 4e = 2H_2O$	1.229
P	$H_3PO_4 + 2H^+ + 2e = H_3PO_3 + H_2O$	-0.276
Pb	$PbI_2 + 2e = Pb + 2I^-$	-0.365
	$PbSO_4 + 2e = Pb + SO_4^{2-}$	-0.3588
	$PbCl_2 + 2e = Pb + 2Cl^-$	-0.2675
	$Pb^{2+} + 2e = Pb$	-0.1262
	$PbO_2 + 4H^+ + 2e = Pb^{2+} + 2H_2O$	1.455
	$PbO_2 + SO_4^{2-} + 4H^+ + 2e = PbSO_4 + 2H_2O$	1.6913
S	$H_2SO_3 + 4H^+ + 4e = S + 3H_2O$	0.449
	$S + 2H^+ + 2e = H_2S$	0.142
	$SO_4^{2-} + 4H^+ + 2e = H_2SO_3 + H_2O$	0.172
	$S_4O_6^{2-} + 2e = 2S_2O_3^{2-}$	0.08
	$S_2O_8^{2-} + 2e = 2SO_4^{2-}$	2.010
Sb	$Sb_2O_3 + 6H^+ + 6e = 2Sb + 3H_2O$	0.152
	$Sb_2O_5 + 6H^+ + 4e = 2SbO^+ + 3H_2O$	0.581
Sn	$Sn^{4+} + 2e = Sn^{2+}$	0.151
V	$V(OH)_4^+ + 4H^+ + 5e = V + 4H_2O$	-0.254
	$VO^{2+} + 2H^+ + e = V^{3+} + H_2O$	0.337
	$V(OH)_4^+ + 2H^+ + e = VO^{2+} + 3H_2O$	1.00
Zn	$Zn^{2+} + 2e = Zn$	-0.7618

（2）碱性溶液中的标准电极电势

元素	电极反应	$\varphi^{\ominus}/V$
Ag	$Ag_2S+2e=2Ag+S^{2-}$	-0.691
	$Ag_2O+H_2O+2e=2Ag+2OH^-$	0.342
Al	$H_2AlO_3^-+H_2O+3e=Al+4OH^-$	-2.33
As	$AsO_2^-+2H_2O+3e=As+4OH^-$	-0.68
	$AsO_4^{3-}+2H_2O+2e=AsO_2^-+4OH^-$	-0.71
Br	$BrO_3^-+3H_2O+6e=Br^-+6OH^-$	0.61
	$BrO^-+H_2O+2e=Br^-+2OH^-$	0.761
Cl	$ClO_3^-+H_2O+2e=ClO_2^-+2OH^-$	0.33
	$ClO_4^-+H_2O+2e=ClO_3^-+2OH^-$	0.36
	$ClO_2^-+H_2O+2e=ClO^-+2OH^-$	0.66
	$ClO^-+H_2O+2e=Cl^-+2OH^-$	0.81
Co	$Co(OH)_2+2e=Co+2OH^-$	-0.73
	$Co(NH_3)_6^{3+}+e=Co(NH_4)_6^{2+}$	0.108
	$Co(OH)_3+e=Co(OH)_2+OH^-$	0.17
Cr	$Cr(OH)_3+3e=Cr+3OH^-$	-1.48
	$CrO_2^-+2H_2O+3e=Cr+4OH^-$	-1.2
	$CrO_4^{2-}+4H_2O+3e=Cr(OH)_3+5OH^-$	-0.13
Cu	$Cu_2O+H_2O+2e=2Cu+2OH^-$	-0.360
Fe	$Fe(OH)_3+e=Fe(OH)_2+OH^-$	-0.56
H	$2H_2O+2e=H_2+2OH^-$	$-0.827\,7$
Hg	$HgO+H_2O+2e=Hg+2OH^-$	$0.097\,7$
I	$IO_3^-+3H_2O+6e=I^-+6OH^-$	0.26
	$IO^-+H_2O+2e=I^-+2OH^-$	0.485
Mg	$Mg(OH)_2+2e=Mg+2OH^-$	-2.690
Mn	$Mn(OH)_2+2e=Mn+2OH^-$	-1.56
	$MnO_4^-+2H_2O+3e=MnO_2+4OH^-$	0.595
	$MnO_4^{2-}+2H_2O+2e=MnO_2+4OH^-$	0.60
N	$NO_3^-+H_2O+2e=NO_2^-+2OH^-$	0.01
O	$O_2+2H_2O+4e=4OH^-$	0.401
S	$S+2e=S^{2-}$	$-0.476\,27$
	$SO_4^{2-}+H_2O+2e=SO_3^{2-}+2OH^-$	-0.93
	$2SO_3^{2-}+3H_2O+4e=S_2O_3^{2-}+6OH^-$	-0.571
	$S_4O_6^{2-}+2e=2S_2O_3^{2-}$	0.08
Sb	$SbO_2^-+2H_2O+3e=Sb+4OH^-$	-0.66
Sn	$Sn(OH)_6^{2-}+2e=HSnO_2^-+H_2O+3OH^-$	-0.93
	$HSnO_2^-+H_2O+2e=Sn+3OH^-$	-0.909

摘自 Robert C. West，CRC Handbook of Chemistry and Physics，69th ed.，1988—1989，D151～158。

附录七　常见离子和化合物的颜色

离子或化合物	颜色	离子或化合物	颜色	离子或化合物	颜色
Ag^+	无色	CuO	黑	$[Fe(SCN)_n]^{3-n}$	血红
$AgCl$	白	$Cu(OH)_2$	浅蓝	$[Fe(C_2O_4)_3]^{3-}$	黄
$AgBr$	淡黄	CuS	黑	$[FeCl_6]^{3-}$	黄
AgI	黄	Cu_2Cl_2	白	$[FeF_6]^{3-}$	无色
$Ag_2C_2O_4$	白	$CuSO_4 \cdot 5H_2O$	蓝	$Fe_4[Fe(CN)_6]_3$	普鲁士蓝
Ag_2CrO_4	砖红	$Cu_2(OH)_2SO_4$	浅蓝	MnO_2	棕
$AgCN$	白	$Cu_2(OH)_2CO_3$	蓝	$Mn(OH)_2$	白
Ag_3AsO_4	红褐	$[Cu(H_2O)_4]^{2+}$	浅蓝	MnS	肉色
$Ag_2S_2O_3$	白	$[CuCl_2]^-$	泥黄	$[Mn(H_2O)_6]^{2+}$	肉色
Ag_3PO_4	黄	$[CuCl_4]^{2-}$	黄	MnO_4^{2-}	绿
Ag_2S	黑	$[CuI_2]^-$	黄	MnO_4^-	紫红色
Ag_2SO_4	白	$[Cu(NH_3)_4]^{2+}$	深蓝	$[Ni(NH_3)_6]^{2+}$	蓝
Ag_2CO_3	白	$Cu_2[Fe(CN)_6]$	红棕	$[Ni(CN)_4]^{2-}$	黄
$Ag_3[Fe(CN)_6]$	橙	$Cu(SCN)_2$	黑绿	NiO	暗绿
$Ag_4[Fe(CN)_6]$	白	$[Cu(OH)_4]^{2-}$	深蓝	Ni_2O_3	黑
Ag_2O	褐	CoO	灰绿	$Ni(OH)_2$	浅绿
$AgIO_3$	白	Co_2O_3	黑	$Ni(OH)_3$	黑
$AgBrO_3$	白	$CoCl_2$	蓝	NiS	黑
Al^{3+}	无色	$CoCl_2 \cdot H_2O$	蓝紫	PbO_2	棕褐色
$Al(OH)_3$	白	$CoCl_2 \cdot 2H_2O$	紫红	Pb_3O_4	红
Ba^{2+}	无色	$CoCl_2 \cdot 6H_2O$	粉红	PbS	黑
$Ba(IO_3)_2$	白	$Co(OH)Cl$	蓝	$PbSO_4$	白
$Ba_3(PO_4)_2$	白	$Co(OH)_2$	粉红	$PbCrO_4$	黄
$BaCrO_4$	黄	$Co(OH)_3$	褐棕色	PbO_2^{2-}	无色
$BaCO_3$	白	$CoSO_4 \cdot 7H_2O$	红	$[Ti(H_2O)_6]^{3+}$	紫
CdS	黄	$[Co(H_2O)_6]^{2+}$	粉红	TiO_2	白
$Cd(OH)_2$	白	$[CoCl_4]^{2-}$	蓝	$TiCl_3$	紫
Cr_2O_3	绿	$[Co(NH_3)_6]^{2+}$	黄	$TiCl_4$	无色
CrO_3	橙红	$[Co(NH_3)_6]^{3+}$	红	VO	黑
CrO_5	蓝	$[Co(SCN)_4]^{2-}$	蓝	VO_2	深蓝
$Cr(OH)_3$	灰绿	FeO	黑	V_2O_3	黑
$Cr_2(SO_4)_3$	桃红	Fe_2O_3	砖红	V_2O_5	红棕
$Cr_2(SO_4)_3 \cdot 18H_2O$	紫	$Fe(OH)_2$	白或苍绿	$[V(H_2O)_6]^{2+}$	蓝紫
$CrCl_3 \cdot 6H_2O$	暗绿	$Fe(OH)_3$	红棕	$[V(H_2O)_6]^{3+}$	蓝紫
$[Cr(H_2O)_6]^{3+}$	紫	$Fe(NO_3)_3 \cdot 9H_2O$	淡蓝	VO^{2+}	蓝
$[Cr(NH_3)_3(H_2O)_3]^{3+}$	浅红	$FeSO_4 \cdot 7H_2O$	淡绿	VO_2^+	黄
$[Cr(NH_3)_4(H_2O)_2]^{3+}$	橙红	$FeCl_3$	黑褐	ZnO	白
$[Cr(NH_3)_6]^{3+}$	黄	$FeCl_3 \cdot 6H_2O$	黄棕	$Zn(OH)_2$	白
CrO_2^-	亮绿	FeS	黑	$[Zn(H_2O)_4]^{2+}$	无色
CrO_4^{2-}	黄	$[Fe(H_2O)_6]^{2+}$	淡绿	$Zn_3[Fe(CN)_6]_2$	黄褐
$Cr_2O_7^{2-}$	橙	$[Fe(H_2O)_6]^{3+}$	淡紫	$Zn_2[Fe(CN)_6]$	白
CdO	棕灰色	$[Fe(CN)_6]^{4-}$	黄	丁二肟合镍	红
Cu_2O	暗红	$[Fe(CN)_6]^{3-}$	淡橘黄		

附录八　实验室常用的酸碱指示剂

指示剂名称	变色范围(pH)	配制方法
甲基橙	3.0~4.4 红　黄	0.1%的水溶液
石蕊	4.5~8.3 红　蓝	2%的水溶液
甲基红	4.4~6.2 红　黄	0.1 g 溶于 40 mL 水和 60 mL 酒精
酚酞	8.2~10.0 无色　粉红	1 g 溶于 40 mL 水和 60 mL 酒精

摘自 John A. Dean, Lange's Handbook of Chemistry, 15th ed. , (11)115~117, 1998。

附录九　普通有机溶剂的性质

溶剂	化学式	沸点/℃	密度/(g·mL^{-1})
四氯化碳	CCl_4	76.7	1.587 6
苯	C_6H_6	80.0	0.873 7
丙酮	CH_3COCH_3	56	0.790 8
氯仿	$CHCl_3$	61.1	1.498 5
甲醇	CH_3OH	64.7	0.791 3
乙醇	C_2H_5OH	78.3	0.789 4
乙醚	$C_2H_5OC_2H_5$	34.6	0.713 4
二硫化碳	CS_2	46.5	1.261

摘自 John A. Dean, Lange's Handbook of Chemistry, 15th ed. , 1998。

附录十　元素的相对原子质量表(2016)

(不包括人工元素)

元素 符号	名称	原子序数	相对原子质量	元素 符号	名称	原子序数	相对原子质量
Ag	银	47	107.9	Al	铝	13	26.98

（续）

元素		原子序数	相对原子质量	元素		原子序数	相对原子质量
符号	名称			符号	名称		
Ar	氩	18	39.95	I	碘	53	126.9
As	砷	33	74.92	In	铟	49	114.8
Au	金	79	197.0	Ir	铱	77	192.2
B	硼	5	10.80	K	钾	19	39.10
Ba	钡	56	137.3	Kr	氪	36	83.80
Be	铍	4	9.012	La	镧	57	138.9
Bi	铋	83	209.0	Li	锂	3	6.938
Br	溴	35	79.90	Lu	镥	71	175.0
C	碳	6	12.00	Mg	镁	12	24.30
Ca	钙	20	40.08	Mn	锰	25	54.94
Cd	镉	48	112.4	Mo	钼	42	95.95
Ce	铈	58	140.1	N	氮	7	14.00
Cl	氯	17	35.44	Na	钠	11	22.99
Co	钴	27	58.93	Nb	铌	41	92.91
Cr	铬	24	52.00	Nd	钕	60	144.2
Cs	铯	55	132.9	Ne	氖	10	20.18
Cu	铜	29	63.55	Ni	镍	28	58.69
Dy	镝	66	162.5	O	氧	8	15.99
Er	铒	68	167.3	Os	锇	76	190.2
Eu	铕	63	152.0	P	磷	15	30.97
F	氟	9	19.00	Pa	镤	91	231.0
Fe	铁	26	55.85	Pb	铅	82	207.2
Ga	镓	31	69.72	Pd	钯	46	106.4
Gd	钆	64	157.3	Pr	镨	59	140.9
Ge	锗	32	72.63	Pt	铂	78	195.1
H	氢	1	1.007	Rb	铷	37	85.47
He	氦	2	4.003	Re	铼	75	186.2
Hf	铪	72	178.5	Rh	铑	45	102.91
Hg	汞	80	200.6	Ru	钌	44	101.07(2)
Ho	钬	67	164.9	S	硫	16	32.059

（续）

元素		原子序数	相对原子质量	元素		原子序数	相对原子质量
符号	名称			符号	名称		
Sb	锑	51	121.76	Ti	钛	22	47.867
Sc	钪	21	44.956	Tl	铊	81	204.38
Se	硒	34	78.971(8)	Tm	铥	69	168.93
Si	硅	14	28.084	U	铀	92	238.03
Sm	钐	62	150.36(2)	V	钒	23	50.942
Sn	锡	50	118.71	W	钨	74	183.84
Sr	锶	38	87.62	Xe	氙	54	131.29
Ta	钽	73	180.95	Y	钇	39	88.906
Tb	铽	65	158.93	Yb	镱	70	173.05
Te	碲	52	127.60(3)	Zn	锌	30	65.38(2)
Th	钍	90	232.04	Zr	锆	40	91.224(2)

附录十一　特殊试剂的配制

试　　剂	配制方法
蛋白水溶液	4 个鸡蛋的蛋白配成 3 L 水溶液
甲基橙(0.1%)	1 g 甲基橙溶解于 1 L 水中，必要时加以过滤
甲基红(0.2%)	2 g 甲基红溶解于 1 L 20%乙醇溶液中，或其钠盐的水溶液中
酚酞(0.2%)	1 g 酚酞溶解于 500 mL 无水乙醇溶液中
品红溶液(0.1%)	1 g 品红溶解于 1 L 水中
二乙醇二肟(1%)	1 g 二乙醇二肟溶解于 100 mL 95%乙醇中
邻二氮菲(0.25%)	0.25 g 邻二氮菲加几滴 6 mol·L^{-1} H_2SO_4 溶于 100 mL 水中
淀粉溶液(0.5%)	将 5 g 可溶性淀粉与 10 mg 碘化汞(或氯化锌)加少量水搅匀，把得到的糊状物倒入约 1 L 正在沸腾的水中，继续煮沸至溶液完全透明(临用时配制)
六硝基合钴酸钠(0.1 mol·L^{-1})	23 g $NaNO_2$ 溶解于 50 mL 水中，加 6 mol·L^{-1} HAc 16.5 mL 及 3 g $Co(NO_3)_2$·6H_2O，静置过夜，过滤或取其清液，稀释至 100 mL，贮于棕色瓶中(试剂应在需要时临时配制)

（续）

试　　剂	配制方法
对硝基苯偶氮间苯二酚（镁试剂）	0.001 g 对硝基苯偶氮间苯二酚溶于 100 mL 2 mol·L^{-1} NaOH 溶液中
奈斯勒试剂	11.5 g 碘化汞及 8 g 碘化钾溶于 50 mL 水中，加入 50 mL 6 mol·L^{-1} NaOH，静置后取其清液贮于棕色瓶中
过氧化氢（3%）	将 10 mL 30% 的过氧化氢用水稀释至 100 mL
氯水（Cl_2＋H_2O）	氯气通入水中至饱和为止（氯气通常用盐酸与二氧化锰或酸与漂白粉作用制备），临用时配制
溴水（Br_2＋H_2O）	在带有良好的磨口玻璃塞的瓶内，将约 50 g(167 mL)溴注入 1 L 水中。在 2 h 之内常剧烈振荡，每次振荡之后微开塞子，使积聚的溴蒸气放出。在储存的瓶底总有过量的溴，将溴水倒入试剂瓶。（倾倒溴和溴水时应在通风橱中进行。操作时应将凡士林涂于手上，以防止溴蒸气灼伤）
碘水（I_2＋H_2O）	将 1.3 g 碘和 5 g 碘化钾溶解在尽可能少量的水中，待完全溶解（充分搅动）后再加水至 1 L
氯化亚锡（1 mol·L^{-1}）	23 g 氯化亚锡溶于 34 mL 浓盐酸中，加水稀释至 100 mL(临用时配制)
亚硫酸钠（0.1%）	1 g 亚硫酸钠溶于 1 L 水中，加 4 mL 浓硫酸（临用时配制）
三氯化铁（0.1 mol·L^{-1}）	27 g $FeCl_3·6H_2O$ 溶于 8 mL 盐酸中，加水稀释至 1 L
硫酸亚铁（0.1 mol·L^{-1}）	27.8 g $FeSO_4·7H_2O$ 溶于加入 5 mL 18 mol·L^{-1}硫酸的水中，稀释至 1 L
硫化钠	480 g $Na_2S·9H_2O$ 和 40 g NaOH 溶于 1 L 水中
碳酸铵（0.1 mol·L^{-1}）	96 g 研细的碳酸铵溶于 1L 2 mol·L^{-1}氨水中
铬酸洗液	1 L 浓硫酸加入 62.5 g $K_2Cr_2O_7$，加热煮沸，静置冷却
饱和硫酸铵	50 g$(NH_4)_2SO_4$ 溶于 100 mL 热水，冷却后过滤
乙二胺（0.5 mol·L^{-1}）	100 mL 乙二胺（15 mol·L^{-1}）稀释至 3 L
盐桥	将 2.71 g 琼脂倒入 50 mL 水中，水浴加热搅拌，待琼脂完全溶化后加入 15 g 硝酸钾搅拌至完全溶解，趁热用滴管吸取溶液灌入热的玻璃管中，垂直放置约 2 h 后保存在饱和硝酸钾溶液中

参 考 文 献

阿娟,敖特根,2007. 普通化学实验. 北京:中国农业出版社.

北京大学化学与分子工程学院普通化学实验教学组,2012. 普通化学实验. 3 版. 北京:北京大学出版社.

北京师范大学无机化学教研室,2001. 无机化学实验. 3 版. 北京:高等教育出版社.

李聚源,2007. 普通化学实验. 2 版. 北京:化学工业出版社.

倪惠琼,2009. 普通化学实验. 上海:华东理工大学出版社.

武汉大学化学与分子科学学院实验中心,2007. 普通化学实验. 武汉:武汉大学出版社.